钢管混凝土格构柱双层肩梁设计方法及工程实践

兰 涛 著

U0291456

中国水利水电出版社
www.waterpub.com.cn
·北京·

内 容 提 要

本书主要介绍了钢管混凝土多肢格构柱双层肩梁设计方法及工程应用案例。以钢管混凝土多肢格构柱的双层肩梁为研究对象，通过试验研究、理论分析和有限元数值模拟等方法系统研究了双层肩梁的受力机理、传力机制和破坏模式等受力特性，基于上述研究，本书进一步提出了针对双层肩梁设计的实用方法和构造措施，并在实际工程中得到应用。

本书适用于工业厂房设计领域，可用于指导工业厂房中钢管混凝土格构柱双层肩梁部分的设计，可为工程设计人员提供理论支撑和技术指导，通过借鉴本书，工程设计人员可以更加科学、合理地进行双层肩梁的设计，从而确保工业厂房整体结构的安全性和经济性。

图书在版编目（CIP）数据

钢管混凝土格构柱双层肩梁设计方法及工程实践 /
兰涛著. -- 北京 : 中国水利水电出版社，2024. 12.
ISBN 978-7-5226-3022-9
Ⅰ. TU375.1
中国国家版本馆CIP数据核字第2025B3M567号

书　　名	**钢管混凝土格构柱双层肩梁设计方法及工程实践** GANGGUAN HUNNINGTU GEGOUZHU SHUANGCENG JIANLIANG SHEJI FANGFA JI GONGCHENG SHIJIAN
作　　者	兰　涛　著
出版发行	中国水利水电出版社 （北京市海淀区玉渊潭南路1号D座　100038） 网址：www.waterpub.com.cn E-mail：sales@mwr.gov.cn 电话：（010）68545888（营销中心）
经　　售	北京科水图书销售有限公司 电话：（010）68545874、63202643 全国各地新华书店和相关出版物销售网点
排　　版	中国水利水电出版社微机排版中心
印　　刷	北京中献拓方科技发展有限公司
规　　格	184mm×260mm　16开本　12.75印张　264千字
版　　次	2024年12月第1版　2024年12月第1次印刷
定　　价	**98.00元**

凡购买我社图书，如有缺页、倒页、脱页的，本社营销中心负责调换

版权所有·侵权必究

前言
FOREWORD

高端装备制造业作为国民经济和国防建设的重要支撑，具有技术知识密集和高附加值特点，在整个制造产业价值链占据核心部位，其发展水平直接决定了国家的综合实力及在国际上的竞争力。国家"十四五"规划和2035年远景目标建议中提到，在高端装备制造等重点领域和关键环节部署一批重大科技攻关项目，努力攻克一批关键核心技术、"卡脖子"技术，以加快壮大高端装备制造等高新技术产业，培育一批居于行业领先水平的国家级战略性新兴产业集群。这无疑为装备制造行业带来了新的机遇和挑战，其配套重型厂房及高端装备制造车间建设也亟须持续创新，实现协同并进，为行业注入源源不断的活力，携手共促装备制造业转型、升级和发展。

为满足工艺制造要求，高端装备制造车间均需要在其内部布设双层重载吊车，所需吊车数量和吨位在逐步增加，作业频次也愈加频繁。以往生产车间内设置的双层吊车大都采用单层肩梁加悬挑牛腿的方式实现，该类双层吊车传力形式本质上还属于单层肩梁的范畴，因采用悬挑牛腿的设计方法导致其承载能力有限，无法实现下层设置大吨位吊车的运行，同时，外伸的悬挑牛腿也会占据厂房内部操作空间，影响工厂生产。目前，国内外针对肩梁的研究均集中于单层肩梁，缺少对双层肩梁的专项研究工作，同时在双层肩梁的实际应用中，依然沿用了规范中单层肩梁的设计方法，设计方法的缺失会导致计算假定及构造不合理、计算结果与实际承载偏差大等情况。鉴于以上问题，作者有针对性地对双层肩梁的定义、计算模型、传力机制及破坏模式等方面进行了深入研究，提出相应的计算模型和设计方法，为工程设计人员提供理论支撑和技术指导，确保了高端装备制造车间中双层肩梁的设计安全、经济合理。

本书以钢管混凝土多肢格构柱双层肩梁为研究对象，通过试验研究、理论分析和有限元数值模拟等方法系统研究了双层肩梁的受力机理、传力机制和破坏模式等受力特性，并提出了对应的设计方法和构造措施。本书共分为 6 章：第 1 章介绍了肩梁的研究现状和现有设计方法；第 2 章介绍了竖向荷载、水平荷载作用下钢管混凝土多肢格构柱双层肩梁受力性能试验研究；第 3 章对双层肩梁试验现象和荷载-位移曲线、关键部位应力应变、受力特性及破坏模式等试验结果进行了分析；第 4 章采用有限元模拟方法对钢管混凝土多肢格构柱双层肩梁进行了参数分析，通过改变上、下层肩梁高度比和肩梁跨高比等设计参数，研究了多参数对双层肩梁力学性能的影响规律；第 5 章根据试验结果及大量有限元数值模拟结果，提炼出双层肩梁的传力规律并得到了双层肩梁的计算模型和设计方法；第 6 章给出了实际工程的应用案例，并结合有限元数值模拟验证了双层肩梁设计方法的有效性。

本书在编写过程中参阅了国内外有关肩梁力学性能试验和理论研究方面的专业文献，参考文献列出了其中最主要的部分，尚有许多没有一一列出，在此向这些文献资料的作者表示衷心感谢。本书撰写过程中，兰涛负责撰写了本书的所有章节，薛辰、李泽旭、高睿祥等参与了其中的文字编辑与修改工作，研究生何浩、廖钒志等提供了相关的素材，在此一并表示衷心的感谢。

希望通过本书的出版，可为从事工业建筑行业的结构设计人员提供有益的借鉴和参考。由于作者水平有限，成书过程中难免有纰漏和不足之处，敬请广大读者批评指正。

作　者

2024 年 12 月

目 录

CONTENTS

第 1 章

肩梁研究进展

1.1　肩梁的概念及分类

在设置吊车的单层工业厂房中，因存在较大的吊车竖向起吊荷载及水平刹车荷载，所以排架柱多采用钢管混凝土柱。根据工艺需求，排架柱两侧有时需要布置单层或多层吊车，通常会用到阶形柱，即上柱、下柱分段的型式，其中用于连接上柱与下柱并支撑吊车梁的受力转换构件称为肩梁，与人体结构的肩膀相似。

按照不同的吊车布设需求，有多种不同结构型式的肩梁，其中：设置单层吊车的工业厂房，通常使用单阶柱和单层肩梁，如图1-1所示；设置普通双层吊车的工业厂房，多常用的是单层肩梁＋牛腿的构造型式，如图1-2所示；对于中、重型工业厂房，因其有更多的吊车层数和大吨位吊车布设需求，因此多使用双阶柱及双层肩梁。

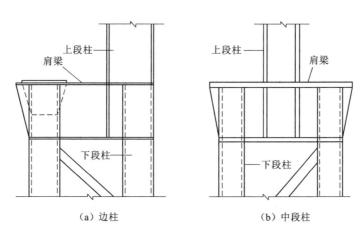

（a）边柱　　　　　　　　（b）中段柱

图1-1　传统单层肩梁

肩梁按构造型式可分为单腹板式肩梁和双腹板式肩梁两种。单腹板式肩梁构造简单，用料较省，施工方便，普遍应用于实腹式柱和格构式阶形柱中。双腹板式肩梁的上下和左右两侧均有盖板封闭，形成箱型结构，为了便于在此箱型结构内焊接，必须考虑有足够的施工空间，并开设通风洞口。由于双腹板式肩梁施工焊接困难，用钢量较大，因此只有当单腹板式肩梁的强度不能满足要求时采用，比如双阶柱的高跨有大吨位吊车，或下段柱有参观走台的通行净空要求等使肩梁高度受限时，才采用双腹板式肩梁。

支撑肩梁的排架柱根据在厂房中的不同位置可分为支撑边柱和支撑中柱。支撑边柱位于厂房横向框架的外边缘两侧，只在一侧布设吊车梁系统；支撑中柱位于厂房横

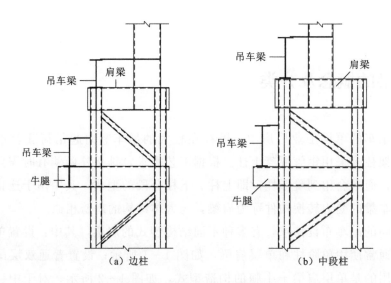

图 1-2　单层肩梁＋牛腿构造

向框架的中部，用于连接两跨或多跨厂房，两侧均布设吊车梁系统。因为一般在重载厂房才需要用到单层或双层肩梁来支撑大吨位吊车，所以排架柱下柱一般选用钢管混凝土格构柱，根据承载力需求可设计为双肢柱、三肢柱、四肢柱等，如图 1-3 所示。上柱可采用工字型实腹截面、箱型截面或钢管混凝土格构柱型式。

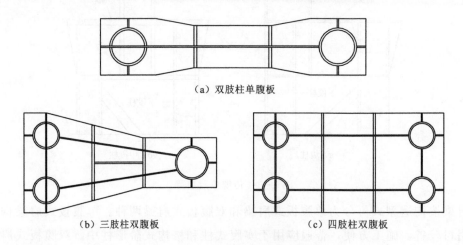

图 1-3　不同肢数的肩梁构造

1.2　钢管混凝土柱肩梁国内外研究现状

目前，国内外对双层肩梁的研究较少，国外尚未见对肩梁有相关研究及报道，对大型厂房的研究多集中于钢管混凝土柱与钢梁节点；而国内目前的研究成果也均集中于单层肩梁的受力性能及破坏模式等方面,对双层肩梁的研究未见公开报道。

肩梁的刚度方面。传统的做法中将其刚度作为无穷大来考虑,然而肩梁本身的刚度是有限的,按照无限刚度设计所得的位移和内力比实际值偏小,设计结果偏于不安全。为了解决此问题,沈祖炎等将单层肩梁简化为弹簧铰,并提出了单层肩梁转动刚度的计算式。

肩梁的受力机理和承载力方面。童根树等对双肢柱及四肢柱的单层肩梁进行了试验研究,基于上述的研究成果及理论分析,提出了设计方法及节点区钢管的强度计算方法,同时提出了肩梁设计时若干合理的构造措施。苏明周、董振平等人针对改进后的肩梁开展了系统研究。对于单腹板肩梁,刘志峰、赵峰、王亚军等采取有限元软件模拟和试验研究的方式,系统研究了单腹板肩梁受力性能,并且提出了单层肩梁新的设计方法;对于双腹板肩梁,王俊峰采用试验方法针对其受力性能进行了系统的分析,提出双腹板型式的肩梁设计可采用考虑两块腹板不均匀受力的设计方法,并给出不均匀受力系数为 0.6。除此之外,董振平利用肩梁原型构件的参数分析结果,按照肩梁破坏模式提出了钢管混凝土双肢柱的实用设计公式及构造要求,并系统地研究了上柱与下柱高度比、肩梁高跨比、肩梁与上柱线刚度比等因素对柱侧移刚度、位移、肩梁荷载的影响规律,提出了肩梁刚度的限值。

连接构造方面。为克服肩梁与行车梁的连接缺陷,中国宝武钢铁集团有限公司对单层肩梁的构造做了部分改进。针对单腹板肩梁,改进方式是将吊车柱肢的钢管顶面降至肩梁下翼缘板,使行车的连接螺栓外露,并在行车梁支座下方增设两道加劲肋;针对双腹板肩梁,一种改进方式是将吊车梁下翼缘板在支座附近加宽,并将连接螺栓放置在钢管以外;另一种改进方式是在支座处加弹簧鱼尾板,并将连接螺栓向吊车梁支座内侧转移。

具体工程方面。国内现存最重行车位于上海电气临港重型机械装备有限公司联合厂房,该项目建筑面积 7.5 万 m^2,为单层重型多跨钢结构厂房,厂房设有双层重级工作制吊车,吊车起吊吨位达 700t。厂房采用钢排架结构体系,钢柱采用四肢钢管混凝土格构柱。王毅等对其肩梁分别采用线性纯钢模型、线性钢—混凝土共同工作模型以及钢—混凝土之间接触传力模型进行有限元分析,验证了该肩梁的安全性。针对同一工程,汪锋将钢管混凝土四肢柱肩梁有限元非线性分析结果与简化计算结果对比分析,探讨了大柱距、大吨位厂房肩梁结构的安全、可靠与经济的设计方法。针对国家电器产品质量监督检验中心采用的钢管混凝土四肢柱双向肋板加劲式肩梁,韩昌标等分析了穿心板厚度和加劲布置方式对肩梁极限承载力及破坏形态的影响,结果表明,肩梁腹板是主要影响因素,而加劲布置方式的影响有限。与此同时,何夕平等对安徽叉车重型压力机装配厂房采用的单腹板边柱肩梁型式的受力性能也展开了分析。

总的来说，目前针对肩梁的研究主要依托具体工程，缺乏一定的连贯性和系统性，首先研究主要集中在钢管混凝土多肢格构柱肩梁的受力性能方面，对钢管混凝土多肢格构柱双层肩梁的设计方法研究不够深入；再者现阶段的研究均集中于单层肩梁，对于多肢柱双层肩梁的研究内容较少，因此在很多实际工程设计中往往直接沿用单层肩梁的计算理论，这种做法极大地增加了结构的潜在风险与安全隐患。鉴于此，针对双层肩梁的专项研究显得尤为紧迫且重要。

1.3　现有肩梁设计方法

目前通用的钢结构设计参考书籍，如《钢结构设计手册》《钢结构设计与计算》《建筑钢结构设计手册》等，均有针对单层肩梁的简化模型和计算公式。本节将现有肩梁设计方法进行总结和对比。

1. 肩梁内力计算

肩梁承受上柱传来的组合内力，其内力可近似地按简支梁计算，截面校核只需验算强度即可。当吊车梁为突缘式支座时，尚需考虑两侧吊车梁对柱的最大支座反力 R_{max} 的作用。肩梁计算简图如图 1-4 所示。

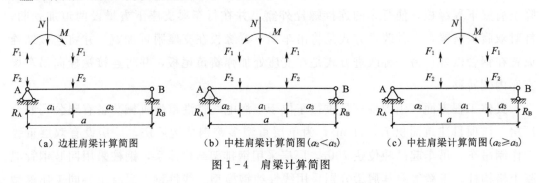

（a）边柱肩梁计算简图　　（b）中柱肩梁计算简图（$a_2 < a_3$）　　（c）中柱肩梁计算简图（$a_2 \geqslant a_3$）

图 1-4　肩梁计算简图

$$F_1 = \frac{M}{a_1} \tag{1-1}$$

$$F_2 = \frac{N}{2} \tag{1-2}$$

式中　N，M——作用于上段柱的轴力和弯矩组合而成的最不利组合内力；

　　　F_1，F_2——简化后作用于肩梁上的力偶和轴力；

　　　a_1——上段柱两翼缘板中心间的距离，可近似地取上段柱截面高度；

　　　a——肩梁的计算跨度，为下段柱两分肢中心线之间的距离。

2. 肩梁强度计算

肩梁的强度计算可考虑上、下盖板的作用，当上盖板截面有改变时，取其最小宽度与有效宽度 $30t$（翼缘板厚度）的较小值。抗弯强度及抗剪强度的计算为

抗弯强度

$$\sigma = \frac{M_{max}}{\gamma_x W_n} \leqslant f \tag{1-3}$$

式中　W_n——肩梁净截面抵抗矩。

抗剪强度

$$\tau = \frac{V_{max} S_x}{I_x t_w} \leqslant f_v \tag{1-4}$$

当吊车梁为突缘式支座时

$$V_{max} = R_B + \frac{k R_{max}}{2}$$

式中　M_{max}，V_{max}——简支梁的最大弯矩和最大剪力，应根据上段柱在肩梁上所处的位置，选择最不利组合内力来分别计算；

γ_x——与截面模量相应的截面塑性发展系数；

I_x——肩梁的毛截面惯性矩；

S_x——计算剪应力处以外毛截面对中和轴的面积矩；

t_w——肩梁腹板厚度，双腹壁肩梁为两块腹板厚度之和；

f——钢材的抗弯强度设计值；

f_v——钢材的抗剪强度设计值；

k——R_{max} 的传力不均匀系数，一般可取 $k = 1.2$。

在肩梁的截面特性计算时，取上、下翼缘最窄处的宽度。单腹板式肩梁考虑一块腹板受力，双腹板式肩梁考虑两块腹板共同受力。上、下段柱均为实腹式柱时，肩梁不必作整体强度计算，仅满足局部连接强度及构造要求即可。

肩梁腹板与屋盖肢的连接焊接，承受肩梁端头剪力的作用。肩梁腹板与吊车肢的连接焊缝，对于平板式支座，承受肩梁端头剪力的作用；对于突缘式支座，除了承受肩梁端头剪力的作用外，还要考虑两侧吊车梁支座反力。

《钢结构设计与计算》中关于肩梁的内力计算和强度计算公式的内容与《钢结构设计手册》的基本相同，仅增加了折算应力验算部分内容。

当 $\sigma \geqslant 0.75f$ 时，腹板高度边缘处的折算应力 σ_c 验算方法为

$$\sigma_c = \sqrt{\sigma^2 + 3\tau^2} \leqslant f \tag{1-5}$$

《建筑钢结构设计手册》中将肩梁近似地按简支梁计算，仅验算肩梁的强度。肩

梁承受其顶面处上段柱的弯矩 M 和轴心压力 N，当吊车梁为突缘支座时，尚需考虑两侧吊车梁对柱最大支座反力 R_{max} 的作用，M 和 N 由框架内力分析提供。《建筑钢结构设计手册》中肩梁的计算简图与内力计算同《钢结构设计手册》，强度计算公式略有不同，其抗弯强度不考虑截面塑性发展，当肩梁翼缘板截面尺寸有变化时，取较小值来计算肩梁净截面抵抗矩 W_n。

肩梁的抗弯强度可考虑上、下盖板的作用，当上盖板截面有改变时，取其中的较小值，此时抗弯强度为

$$\sigma = \frac{M_{max}}{W_n} \leqslant f \qquad (1-6)$$

式中　M_{max}——简支梁中最大弯矩；

　　　W_n——肩梁净截面抵抗矩。

假定肩梁的剪应力全部由腹板承担，按平均剪应力验算肩梁的抗剪强度，即

$$\tau = \frac{V_{max}}{h_w t_w} \leqslant f_v \qquad (1-7)$$

式中　V_{max}——简支梁最大剪力；

　　　h_w——肩梁腹板高度；

　　　t_w——肩梁腹板厚度；

当吊车梁为突缘支座时，在吊车肢一侧 $V_{max} = R_B + \dfrac{kR_{max}}{2}$，$k$ 为 R_{max} 的传力不均匀系数，一般可取为 $k = 1.2$；当吊车梁为普通支座时，V_{max} 为支座 R_A 和 R_B 中较大值。

1.4　目前研究存在问题

从上述的研究工作可以看出，现今对于肩梁的研究重点均集中于单层肩梁的设计方法上，随着高端装备制造业的发展，双层肩梁已应用于众多的高端制造重型车间中，但目前对于此类肩梁却缺乏相关的设计方法和理论指导，对其研究远滞后于工程应用。在受力机理方面，钢管混凝土多肢格构柱双层肩梁的应力分布、破坏过程、破坏模式及承载性能等问题尚不明晰；在设计方法方面，钢管混凝土多肢格构柱双层肩梁作为一种新型结构，在实际工程中均按照现行规范中单层肩梁构造对双层肩梁进行设计计算，存在构造假定不合理、计算结果偏差较大的情况，这在一定程度上限制了高端装备制造业的发展。

钢管混凝土双肢柱双层肩梁示意如图 1-5 所示。

鉴于上述问题，本书系统开展了"钢管混凝土多肢格构柱双层肩梁支撑结构体

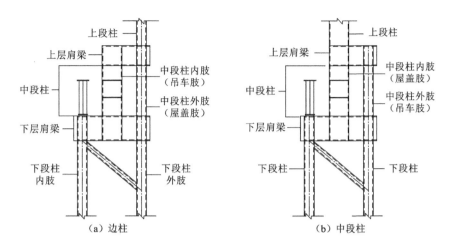

图 1-5 钢管混凝土双肢柱双层肩梁示意

系"的研究，围绕重型工业厂房项目双层大吨位吊车的布设需求，在充分考虑工程需求的基础上，结合双层肩梁结构及承载特点，提出了钢管混凝土多肢格构柱双层肩梁支撑结构。该支撑结构荷载传递较传统构造更为直接，承载能力可得到大幅提升，可在有效保证生产安全性的同时降低建设成本，形成了包括双肢柱、三肢柱、四肢柱双层肩梁支撑结构等具体型式的技术体系，采用试验研究、理论分析及有限元模拟相结合的方法，通过研究不同双层肩梁结构型式下的承载能力、破坏模式、内力分配和应力分布等，建立起钢管混凝土多肢格构柱双层肩梁（以下简称多肢格构柱双层肩梁）设计理论，可对双层肩梁的工程应用进行优化设计指导。目前本成果已应用于多项工程项目中，实施效果良好。

第 2 章

钢管混凝土多肢格构柱双层肩梁受力性能试验研究

现代工业飞速发展，重级工作制吊车已广泛应用于工业厂房中，传统的单层肩梁已无法满足工业生产需求，这就对肩梁型式及其承载力提出了更高的要求。目前国内外对双层肩梁研究较少，因此本章根据实际工程案例设计了钢管混凝土双肢柱、三肢柱和四肢柱双层肩梁试件，确定了其试件尺寸和加载方案，为后续试验研究提供保障。

2.1 试验设计

2.1.1 设计依据

试件设计依据有《钢结构设计标准》(GB 50017—2017)、《钢结构设计手册》等，根据某重型联合加工车间的结构体系与钢管混凝土格构柱肩梁，结合原型构件的尺寸、试件焊接的可操作性、实验室加载设备等条件，最终选用1∶5的缩尺比例，确定了钢管混凝土双肢、三肢、四肢边柱及中柱双层肩梁试件的几何尺寸。为了方便竖向荷载和水平荷载的施加，试件上层肩梁上部伸出一段长度，为了方便钢管混凝土柱肢的制作，下层肩梁下部也伸长一段距离用来浇筑灌浆料。由于试件缩尺后柱肢钢管尺寸较小，为保证浇灌质量，肩梁腹板均不穿过钢管。为了灌浆料浇筑方便，钢管混凝土柱肢顶部盖板预先开直径80mm圆孔，后期补焊钢板。

双层肩梁的主要荷载包括上层吊车的竖向荷载和水平刹车荷载、下层吊车的竖向荷载和水平刹车荷载，以及屋盖肢荷载。对于边柱双层肩梁，由于上层吊车的刹车荷载、屋盖肢荷载、下层吊车竖向荷载均直接作用在钢管混凝土柱上，对双层肩梁的承载力影响较小，而上层吊车的竖向荷载将直接传递到下层肩梁上，对肩梁的承载力影响较大，所以仅对其施加竖向荷载直至试件破坏；对于中柱双层肩梁，两侧吊车的竖向荷载直接作用在钢管混凝土柱上，对肩梁承载影响很小，而吊车的水平刹车荷载、屋盖肢荷载均作用于肩梁中段柱内肢上，对肩梁承载力影响较大，所以最终对肩梁中段柱内肢施加0.1倍轴压比，再施加水平荷载直至试件破坏。

对于单层肩梁，肩梁的截面尺寸、肩梁上部上柱的位置等将直接影响肩梁的承载能力。对于双层肩梁，中段柱内肢（图2-1），对下层肩梁的影响类似于

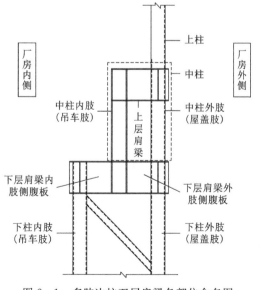

图2-1 多肢边柱双层肩梁各部位命名图

单层肩梁的上柱,这种构造型式下,下层肩梁的承载力、受力模式、破坏模式等与单层肩梁的差别,作为试验的主要研究内容。本书以中段柱内肢在下层肩梁的作用位置为变量,探究其对钢管混凝土多肢边柱双层肩梁(以下简称多肢边柱双层肩梁)的影响,以下层肩梁高度为变量,探究其对钢管混凝土多肢中柱双层肩梁(以下简称多肢中柱双层肩梁)的影响。

多肢格构柱双层肩梁试件设计原则如下:

(1)次要观测区域(钢管、中段柱内肢、斜腹杆)要晚于主要观测区域(肩梁腹板、翼缘板)发生屈服。

(2)焊缝强度应有足够保证。

(3)中段柱内肢钢板不发生屈曲。

2.1.2　多肢边柱双层肩梁试件尺寸

双肢、三肢和四肢各设计 3 个试件,分别是试件 DSSB-1、试件 DSSB-2 和试件 DSSB-3、试件 TSSB-1、试件 TSSB-2 和试件 TSSB-3、试件 QSSB-1、试件 QSSB-2 和试件 QSSB-3,变量为 c_1 和 c_2,具体参数见表 2-1,试件及基础梁加工图如图 2-2~图 2-4 所示。试件均采用 Q235B 钢,基础梁用 Q345B 钢,双肢、三肢及四肢试件共用一根基础梁。试件与基础梁采用螺栓连接,螺栓位置及数量通过计算确定。在确定尺寸后,利用有限元软件 ABAQUS 进行试算,根据试算结果调整试件各部分尺寸及相对位置,以确保试件的破坏发生在肩梁部位。

表 2-1　　　　　　　　　　　肩 梁 试 件 参 数 表

类型	编号	c_1/mm	c_2/mm
双肢试件	DSSB-1	60	160
	DSSB-2	110	110
	DSSB-3	160	60
三肢试件	TSSB-1	140	240
	TSSB-2	190	190
	TSSB-3	240	140
四肢试件	QSSB-1	140	240
	QSSB-2	190	190
	QSSB-3	240	140

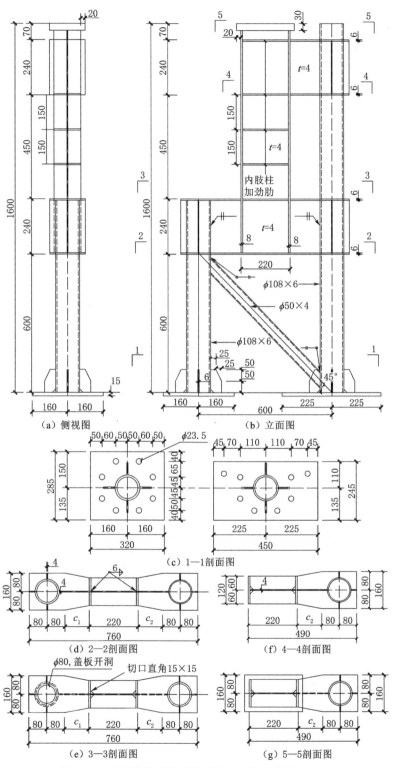

图 2-2 双肢边柱双层肩梁试件加工图（单位：mm）

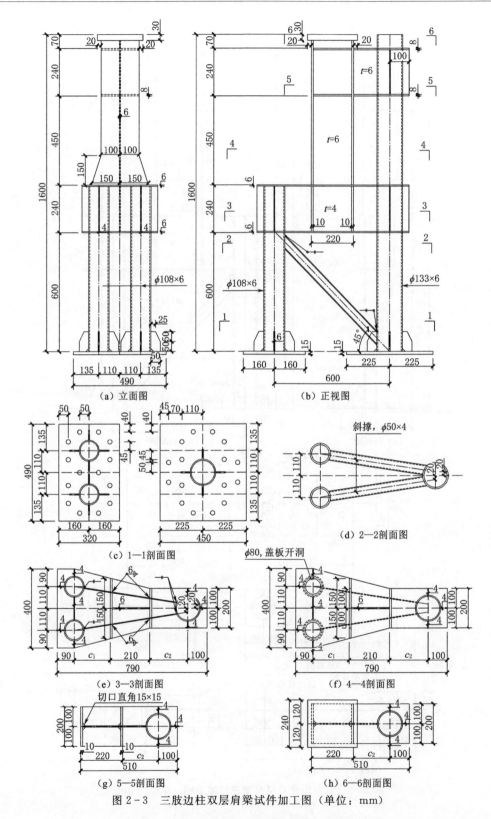

（a）立面图　　　　　（b）正视图

（c）1—1剖面图　　　　　（d）2—2剖面图

（e）3—3剖面图　　　　　（f）4—4剖面图

（g）5—5剖面图　　　　　（h）6—6剖面图

图 2-3　三肢边柱双层肩梁试件加工图（单位：mm）

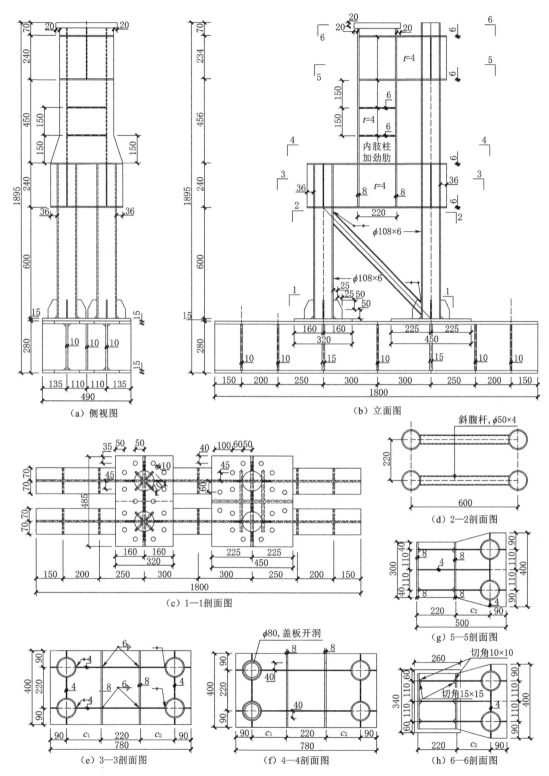

图 2-4 四肢边柱双层肩梁试件及基础梁加工图（单位：mm）

2.1.3　多肢中柱双层肩梁试件尺寸

三种多肢中柱双层肩梁的主要区别为：双肢中柱双层肩梁的上、下层肩梁和中段柱均为单腹板截面；三肢中段柱双层肩梁的上层肩梁和中段柱为单腹板截面，下层肩梁为双腹板截面；四肢中柱双层肩梁的上、下层肩梁和中段柱均为双腹板截面；三种多肢中柱双层肩梁的下层肩梁高度取值不同。双肢、三肢和四肢三种多肢中柱双层肩梁各设计 2 个试件，分别是试件 DMJL-1 和试件 DMJL-2、试件 TMJL-1 和试件 TMJL-2、试件 QMJL-1 和试件 QMJL-2，各试件主要几何尺寸汇总见表 2-2，试件及基础梁加工图如图 2-5～图 2-8 所示。

表 2-2　　　　　　　　　各试件主要几何尺寸汇总表

编号		DMJL-1	DMJL-2	TMJL-1	TMJL-2	QMJL-1	QMJL-2
上层肩梁截面尺寸	$H \times B$/(mm×mm)	230×140		230×180		230×300	
	t_1/mm	4		4		4（单侧）	
	t_2/mm	6		6		6	
下层肩梁截面尺寸	H/mm	260	210	245	200	260	210
	B/mm	140		200～400		400	
	t_1/mm	4		4（单侧）		4（单侧）	
	t_2/mm	6		6		6	
中段柱内肢截面尺寸	$H \times B$/(mm×mm)	220×140		240×180		220×300	
	t_1/mm	4		4		4（单侧）	
	t_2/mm	8		8		8	
钢管截面尺寸/mm		$\phi108\times4$		$\phi133\times6+\phi108\times4$		$\phi108\times4$	
钢管中心距/mm		600		600		600	
腹杆截面尺寸/mm		$\phi50\times4$		$\phi50\times4$		$\phi50\times4$	

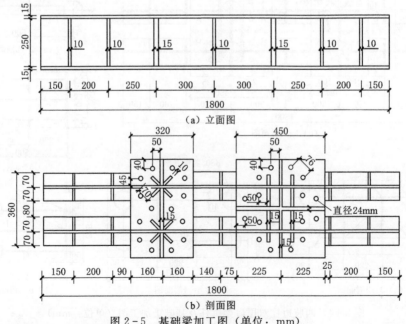

（a）立面图

（b）剖面图

图 2-5　基础梁加工图（单位：mm）

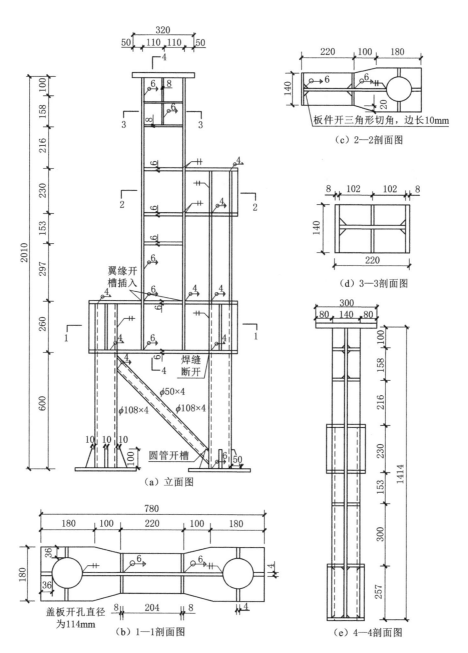

图 2-6 试件 DMJL-1 加工图（单位：mm）

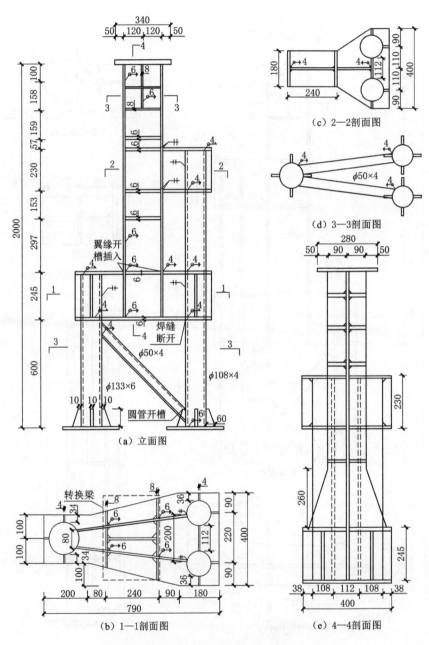

图 2-7　试件 TMJL-1 加工图（单位：mm）

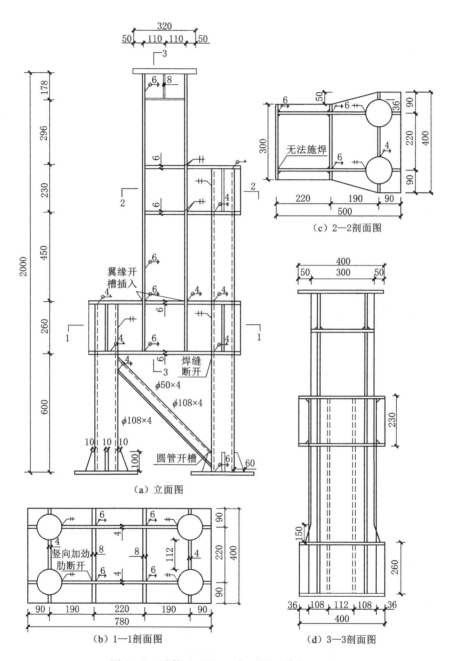

图 2-8 试件 QMJL-1 加工图 (单位: mm)

2.2　试件加工制作

2.2.1　下料原则

试件制作时如何下料直接影响到试件的承载力与安全性。下料时考虑到传力构件的连续性和试件的整体性，应满足以下要求：

（1）加载点处竖向加劲肋与水平加劲肋相交位置保证竖向加劲肋贯通。

（2）中段柱内肢的翼缘板自上而下全长贯通，并向下插入至下层肩梁下盖板，如此当焊缝退出工作后，其贯通的翼缘板和腹板可作为第二道防线，以保证肩梁的承载力。

（3）为保证上层肩梁和下层肩梁腹板的整体性，应使中段柱内肢翼缘板开槽并插入腹板。

（4）为保证竖向构件贯通，将肩梁盖板处开圆洞后插入钢管混凝土柱。

（5）为保证肩梁安装精度，所有开洞和开槽处的误差不宜超过 2mm。

（6）为保证焊接时主要焊缝的贯通，在主次焊缝相交处，次要焊缝处板材开三角形切角，切角边长为 10mm。

2.2.2　切割与焊接工艺

采用等离子切割机切割板件，具有切割精度高、切割面光滑、热变形小、几乎没有热影响区等优点，适合对薄板进行切割。为减小焊接残余应力对试件的影响，主要从设计与工艺两方面入手。在设计方面，应尽量采用小尺寸焊缝，并避免焊缝密集交叉；设计试件时的缩尺比例不应过大，保证焊接操作的可行性。在工艺方面，应确定合理的施焊顺序：①按照部件刚度的大小确定，刚度大的部件提供结构约束力大，因此将刚度大的部分先焊接，例如在梁柱相交处，先焊接竖向连接焊缝，再焊接横向水平焊缝；②按照部件收缩量的大小确定，先焊接收缩量大的焊缝（焊缝越长其收缩量越大），后焊接收缩量小的焊缝，例如中段柱内肢翼缘板与腹板连接处长焊缝应先予以焊接。焊接过程中，在长焊缝处采用交替焊法，每段焊缝长度为 0.3m 左右；在短焊缝处采用分中对称法由中心向两端一次焊完。焊接时采用手工电弧焊，焊缝的端部设置引弧板，引弧板采用 Q235 钢板制作，规格不小于 150mm×300mm。在构件焊接完毕冷却后，沿焊缝周围用圆头手锤进行敲击。

在三肢、四肢柱双层肩梁试件制作时，由于模型尺寸的缩小，不可像原型构件一样在箱梁、箱柱内部留出后期人工施焊的空间，因此不得不舍弃一些次要焊缝，如：

四肢中柱双层肩梁的中段柱内肢焊接时，由于焊枪不能深入其内部，导致封板时有一块腹板无法进行双面角焊缝，因此在腹板实际受力较小的一侧采用单面角焊缝进行施工，具体位置可见 2.1 节中的试件加工图。

2.2.3 基础梁及柱脚的设计

本次试验试件较多，为节省经费，采用将钢管混凝土柱下端先与钢板焊接，再用螺栓将钢板与基础梁连接的方式。通过前期对每个试件进行有限元模拟，参照《钢结构设计标准》（GB 50017—2017）对螺栓进行包络设计。螺栓采用直径为 24mm 的普通螺栓，螺栓孔直径为 25mm。钢板开孔与基础梁翼缘板开孔——对应，制作时采用钢板先与钢管焊接再与基础梁配合钻孔的方法，钢板钻孔之前应精确定位螺栓孔的位置，保证螺栓可以通过钢板与基础梁翼缘板相连。

参考《钢结构设计标准》（GB 50017—2017），基础梁设计时按简支梁计算，对其进行抗弯承载力的验算以及变形验算。由于基础梁反复利用，所以设计时保证其强度与刚度都有 2 倍的富余度，具体尺寸如图 2-5 所示。由于柱脚需要模拟固定端，所以在柱脚四周各加一道加劲肋，加劲肋按悬臂梁进行设计。

2.2.4 应变处理方法

肩梁、中段柱内肢翼缘板以及钢管、斜腹杆近似处于单轴应力状态，可以用应变片测量，弹性阶段以应变值是否达到屈服应变的方式判断该测点是否屈服，应力计算公式为

$$\sigma = E\varepsilon \qquad (2-1)$$

式中　σ——应力；

　　　E——弹性模量；

　　　ε——应变。

肩梁以及中段柱内肢腹板处于平面应力状态（图 2-9），采用 45°直角应变花（图 2-10）来测量。

各应变应力计算公式如下：

（1）线应变、切应变计算公式为

$$\varepsilon_x = \varepsilon_{0°} \qquad (2-2)$$

$$\varepsilon_y = \varepsilon_{90°} \qquad (2-3)$$

$$\gamma_{xy} = 2\varepsilon_{45°} - (\varepsilon_{0°} + \varepsilon_{90°}) \qquad (2-4)$$

式中　ε_x，ε_y——x 方向和 y 方向的线应变；

$\varepsilon_{0°}$，$\varepsilon_{90°}$，$\varepsilon_{45°}$——应变花在 0°、90°、45°时对应的应变值；

γ_{xy}，γ_{yx}——切应变。

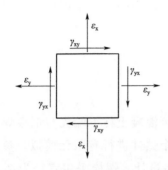

图 2-9 平面应力状态单元应变

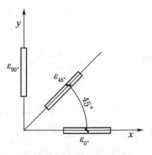

图 2-10 45°直角应变花

（2）主应变及方向计算公式为

$$\begin{matrix} \varepsilon_1 \\ \varepsilon_3 \end{matrix} = \frac{\varepsilon_x + \varepsilon_y}{2} \pm \sqrt{\left(\frac{\varepsilon_x - \varepsilon_y}{2}\right)^2 + \left(\frac{\gamma_{xy}}{2}\right)^2} \qquad (2-5)$$

$$\tan 2\theta = \frac{\gamma_{xy}}{\varepsilon_x - \varepsilon_y} \qquad (2-6)$$

式中 ε_1——第一主应变；

  ε_3——第三主应变；

  θ——主平面位置夹角。

（3）主应力及切应力计算公式为

$$\sigma_1 = \frac{E}{1 - \upsilon^2}(\varepsilon_1 + \upsilon\varepsilon_3) \qquad (2-7)$$

$$\sigma_3 = \frac{E}{1 - \upsilon^2}(\varepsilon_3 + \upsilon\varepsilon_1) \qquad (2-8)$$

式中 E——弹性模量；

  σ_1——主应力；

  σ_3——切应力；

  υ——泊松比。

（4）等效应变及等效应力计算公式为

$$\bar{\varepsilon} = \frac{\sqrt{2}}{3}\sqrt{(\varepsilon_1 - \varepsilon_2)^2 + (\varepsilon_2 - \varepsilon_3)^2 + (\varepsilon_3 - \varepsilon_2)^2} \qquad (2-9)$$

$$\bar{\sigma} = \frac{1}{\sqrt{2}}\sqrt{(\sigma_1 - \sigma_3)^2 + \sigma_1^2 + \sigma_3^2} \qquad (2-10)$$

式中 $\bar{\varepsilon}$——等效应变；

  $\bar{\sigma}$——等效应力。

式（2-9）中 ε_3 可通过胡克定律计算得到。

（5）弹性阶段应力等效应力与等效应变的关系为

$$\bar{\sigma} = 3G\bar{\varepsilon} \tag{2-11}$$

$$G = \frac{E}{2(1+\upsilon)} \tag{2-12}$$

式中 G——剪切模量。

2.2.5 钢材材性试验

双层肩梁试件以及材性试件均由天津某重型机械厂加工。钢板材性试件取板材，钢管取纵向弧段，样坯按照《钢及钢产品 力学性能试验取样位置及试样制备》（GB/T 2975—2018）的要求从母材中切取。根据《金属材料 拉伸试验 第1部分：室温试验方法》（GB/T 228.1—2021）相关规定将样坯加工成试件，拉伸试件加工示意图如图 2-11 所示，名义尺寸见表 2-3，金属拉伸试验机如图 2-12 所示。在本试验中，钢板厚度有 4mm、6mm、8mm 以及 10mm，编号依次为 P1、P2、P3、P4，钢管规格有 $\phi50\times4$、$\phi108\times6$、$\phi133\times6$，编号依次为 P5、P6、P8，牌号均为 Q235B，其中除三肢试件上层肩梁腹板厚度为 6mm、中段柱内肢翼缘板厚为 10mm 外，其余肩梁腹板厚均为 4mm、中段柱内肢翼缘板厚均为 8mm。每种厚度的钢板均取 3 个试件，共 21 个试件。

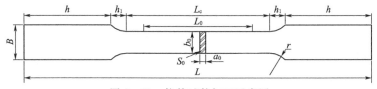

图 2-11 拉伸试件加工示意图

钢板、钢管材性处理结果见表 2-4、表 2-5，从表 2-4、表 2-5 可以看出，各试件弹性模量均在 200GPa 左右。除 P6 试件的屈服强度与抗拉强度较高之外，其余试件的强度都较为接近，屈服强度在 300MPa 左右。

2.2.6 灌浆料材性试验

灌浆料相较于混凝土具有早强、自流性好、微膨胀性、施工无需振捣等优点，特别

图 2-12 金属拉伸试验机

适合本次试验中的钢管混凝土柱无空间振捣的情况。制作时水灰比不大于 0.45，稠度控制在 16s。搅拌时采用机械搅拌，搅拌时间不大于 5min，并养护 28d。

表 2-3　　　　　　　　　　　拉伸试件名义尺寸表

编号	直径/mm	数量	a_0/mm	b_0/mm	L_0/mm	L_c/mm	h_1/mm	L/mm
P1	—	3	4	12.5	40	60	20	200
P2	—	3	6	12.5	50	70	20	210
P3	—	3	8	12.5	57	80	20	220
P4	—	3	10	12.5	63	90	20	230
P5	50	3	4	10.0	36	50	15	180
P6	108	3	6	25.0	70	100	15	230
P8	133	3	6	25.0	70	100	15	230

表 2-4　　　　　　　　　　钢板材性处理结果

编号	板厚/mm	弹性模量 E/GPa	屈服强度 f_y/MPa	抗拉强度 f_u/MPa	屈服应变 $\mu\varepsilon$	伸缩率 δ/%
P1	4	199	301	431	1513	21.6
P2	6	206	300	437	1456	30.0
P3	8	205	294	439	1434	34.9
P4	10	193	304	445	1575	33.2

表 2-5　　　　　　　　　　钢管材性处理结果

编号	规格	弹性模量 E/GPa	屈服强度 f_y/MPa	抗拉强度 f_u/MPa	屈服应变 $\mu\varepsilon$	伸缩率 δ/%
P5	$\phi50\times4$	199	292	472	1467	20.5
P6	$\phi108\times6$	202	382	543	1891	17.6
P8	$\phi133\times6$	201	304	472	1512	23.3

试件柱肢钢管内填混凝土 C40，以水泥基灌浆料替代，按《水泥基灌浆材料应用技术规范》（GB/T 50448—2015）的要求制作材性试块，并按《水泥胶砂强度检验方法（ISO 法）》（GB/T 17671—2021）进行抗压强度检验。灌浆料试件最终破坏如图 2-13 所示，材性结果见表 2-6，可知灌浆料强度满足试验要求。

图 2-13　灌浆料试件最终破坏

表 2-6　　灌浆料材性结果

编号	尺寸/mm	抗折强度/MPa	抗压强度/MPa
1-1	40×40×160	6.3	44.3
			46.4
1-2	40×40×160	5.9	44.6
			46.2
1-3	40×40×160	6.1	49.3
			45.6
均值		6.1	46.1

2.3 试验方案

2.3.1 多肢边柱双层肩梁

2.3.1.1 加载装置

本次试验在北京工业大学结构试验室进行，试验目的是研究多肢边柱双层肩梁在高位吊车竖向荷载作用下的受力性能，因此采用单调加载的方式进行加载，竖向作动器作用在中段柱内肢上部的加载板上，基础梁通过两根压梁来固定。为防止在竖向荷载作用过程中双肢边柱以及三肢边柱出现面外失稳现象，在其面外加设面外支撑，并于支撑上涂抹润滑油来减小其与试件之间的摩擦。

试验前依据材性试验的结果，通过有限元模拟对试件的屈服荷载以及极限荷载进行预估，试件的屈服荷载将作为荷载分级加载的依据，极限荷载将用于选择合适的加载设备。结果显示，双层肩梁试件所能承受的竖向荷载最大不超过 1500kN，因此采用 2000kN 油压千斤顶提供竖向荷载，千斤顶上部设置平面滚轴支座。位移则通过架设的位移计测得，作动器的荷载值和位移计的位移值由数据采集系统实时采集，并在试验过程中实时显示荷载-位移曲线，以此监控试验进程，试件加载装置及位移测点布置示意图如图 2-14 所示。

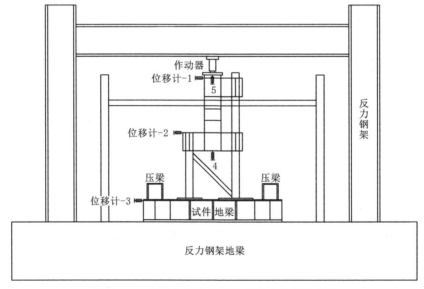

图 2-14 试件加载装置及位移测点布置示意图

2.3.1.2　加载方案

竖向荷载的施加采取先荷载控制后位移控制的方式，先分五级加至屈服荷载，之后以每级 2～3mm 的速度加至破坏，每级加载完后间歇 5～10min，观察试验现象。双肢柱双层肩梁试件 DSSB-1、试件 DSSB-2 和试件 DSSB-3 的有限元预估屈服荷载分别为 272kN、317kN 和 380kN，所以屈服荷载之前每级分别为 50kN、60kN 和 70kN。

三肢柱双层肩梁试件 TSSB-1、试件 TSSB-2 和试件 TSSB-3 与四肢柱双层肩梁试件 QSSB-1、试件 QSSB-2 和试件 QSSB-3 屈服荷载接近，有限元预估屈服荷载分别为 544kN、634kN 和 760kN，所以屈服荷载之前每级分别为 100kN、120kN 和 140kN。

2.3.1.3　测点布置

根据有限元模拟结果，除肩梁腹板外，中段柱内肢的柱脚、下层肩梁近内肢侧翼缘板、斜缀条与钢管相交部位以及在下层肩梁处的外肢钢管等位置应力较大，也需测量其应变。肩梁腹板处于平面应力状态，各点主应力方向不一，且受力复杂、位置关键，采用三向应变花来测量应变分布；肩梁、中段柱内肢以及钢管的主应力方向容易判断，采用应变片测量。

双肢柱与三肢柱、四肢柱肩梁试件位移计及应变测点布置如图 2-15 及图 2-16 所示，三肢、四肢肩梁试件中段柱内肢翼缘与下层肩梁翼缘较双肢试件测点较多，在应变分析章节给出测点位置。

2.3.2　多肢中柱双层肩梁

2.3.2.1　加载装置

本次试验目的是研究双层肩梁在水平荷载作用下的受力性能，因此采用平面内单向加载的方式进行加载。根据分析，肩梁试件所承受的水平荷载不大于 450kN，施加竖向荷载不超过 350kN，实际选用 1000kN 机控油压千斤顶施加水平荷载，1000kN 机控油压千斤顶施加竖向荷载。试验控制台为 CSF 高精度静态伺服液压控制台。

位移计及加载装置如图 2-17 所示。通过门架大梁固定竖向千斤顶一端，千斤顶另一端与试件顶端相连，竖向千斤顶具有平动与一定的转动能力，用来模拟柱顶铰接约束；水平千斤顶一端固定于门架柱上，另一端通过夹具与加载点相连，连接点可在平面内自由转动；柱脚通过螺栓与基础梁相连，基础梁的两端用压梁固定，并且利用水平千斤顶来防止基础梁两端发生水平位移；由于双肢柱双层肩梁试件面外刚度小，为防止荷载偏心而发生面外位移，在其面外加设面外支撑。

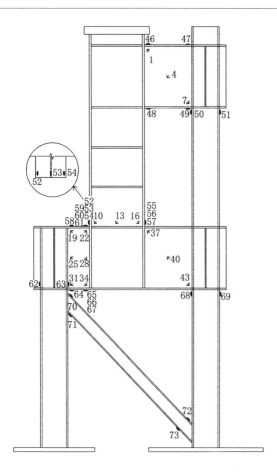

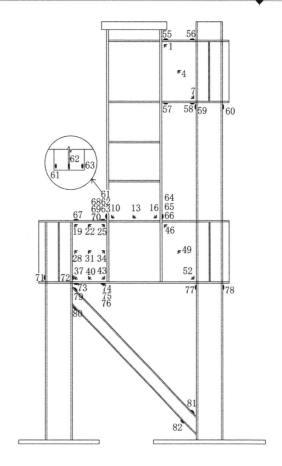

图 2-15 试件 DSSB-1、试件 TSSB-1
和试件 QSSB-1 位移计及应变测点布置
↘—应变花；•—应变片

图 2-16 试件 DSSB-2、试件 TSSB-2、
试件 QSSB-2、试件 DSSB-3、试件 TSSB-3
和试件 QSSB-3 位移计及应变测点布置
↘—应变花；•—应变片

2.3.2.2 加载方案

根据以往试验方法，在正式加载之前先进行预加载，并施加竖向荷载的 70% 用来检查试验装置及应变采集仪是否正常工作；正式加载时，柱顶竖向荷载模拟屋盖自重，由于目前实际工程中屋盖均采用新型轻质材料，所以试验时根据轴压比为 0.1 确定竖向荷载，并一次施加于柱顶；柱顶水平荷载模拟上层吊车产生水平力作用于上段柱的荷载，试验时在试件弹性阶段采用荷载控制的模式，依据前期有限元模拟的屈服荷载，将其分 6～7 次加载完毕，进入弹塑性阶段，换用位移控制的模式，每一级加载 8mm，直至试件破坏或竖向千斤顶失去转动能力时停止试验。各加载级下的荷载或位移见表 2-7。每一级水平荷载加载完毕后稳定 4min，用来观察试件的状态及观测测点相应荷载、应变、位移等情况，保证收集到足够数据，便于后期分析。

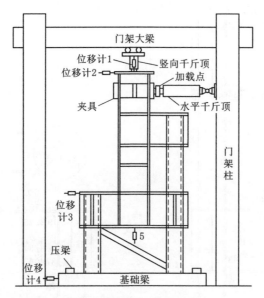

图 2-17　位移计及加载装置图

表 2-7　　　　　　　　　　　各加载级下的荷载或位移

试件编号	竖向荷载/kN	弹性阶段水平荷载		弹塑性、塑性阶段水平位移	
		荷载/kN	加载次数	位移/mm	加载次数
DMJL-1	90	10	7	8	7
DMJL-2	90	10	6	8	7
TMJL-1	126	25	6	8	7
TMJL-2	126	20	6	8	7
QMJL-1	190	20	6	8	7
QMJL-2	190	15	6	8	7

2.3.2.3　测点布置

位移计共 5 处，其中 1 号位移计观测柱顶竖向位移、2 号位移计观测柱顶水平位移、3 号位移计观测下层肩梁顶部水平位移、4 号位移计观测基础梁水平位移、5 号位移计观测下层肩梁底部竖向位移。

试件应变测点布置（图 2-18）如下：

（1）肩梁腹板受力复杂，所以采用应变花观测测点应变。三种双层肩梁应变花布置位置相同，上层肩梁腹板呈"爪"形布置，共 5 个应变花，下层肩梁腹板受压区格沿水平、竖直方向布置 3 行 3 列，共 9 个应变花，中段柱内肢下部布置一行共 3 个应变花。

（2）上、下层肩梁翼缘板以及中段柱内肢翼缘板采用应变片观测，将其贴于肩梁

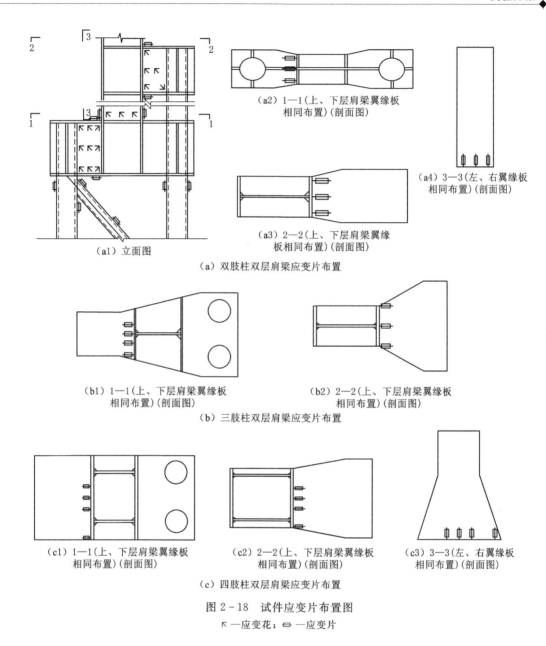

（a2）1—1(上、下层肩梁翼缘板
相同布置)(剖面图)

（a4）3—3(左、右翼缘板
相同布置)(剖面图)

（a3）2—2(上、下层肩梁翼缘
板相同布置)(剖面图)

（a1）立面图

（a）双肢柱双层肩梁应变片布置

（b1）1—1(上、下层肩梁翼缘板
相同布置)(剖面图)

（b2）2—2(上、下层肩梁翼缘板
相同布置)(剖面图)

（b）三肢柱双层肩梁应变片布置

（c1）1—1(上、下层肩梁翼缘板
相同布置)(剖面图)

（c2）2—2(上、下层肩梁翼缘板
相同布置)(剖面图)

（c3）3—3(左、右翼缘板
相同布置)(剖面图)

（c）四肢柱双层肩梁应变片布置

图 2-18　试件应变片布置图

↖—应变花；▭—应变片

翼缘板与中段柱内肢相连处，以观测应变随荷载的变化。

（3）在钢管柱竖向布置应变片，在沿腹杆轴线方向的斜腹杆中部及端部布置应变片。

第 3 章

钢管混凝土多肢格构柱双层肩梁试验结果分析

本章通过观察钢管混凝土多肢格构柱双层肩梁试件的应力应变、荷载位移变化及破坏现象，分析了试件的承载力以及主要部位受力情况，得到了双层肩梁的屈服机制与破坏模式，为相关规范的制定、设计方法的优化以及新型结构的应用提供理论依据和参考。

3.1 双肢边柱双层肩梁试验现象及结果分析

3.1.1 试验现象

1. 试件 DSSB - 1

试件 DSSB-1 在弹性加载阶段，承载力随竖向位移的增大接近线性增长。当荷载增加到 400kN 左右，荷载-位移曲线出现拐点，下层肩梁内肢侧腹板各测点基本屈服，此时试件整体变形较小，柱顶竖向位移为 2.52mm。当荷载增至 450kN，采用柱顶竖向位移控制加载：①位移加至 3.37mm 时，荷载为 570kN，此时观测到下层肩梁下沉，承载力增速进一步放缓，表明下层肩梁内肢侧腹板屈服；②位移增至 6.04mm 时，荷载为 624kN，下层肩梁下沉明显，上翼缘板较下翼缘板变形更大，下层肩梁近内肢侧腹板成平行四边形，中段柱内肢翼缘板起皮，表明该部位已屈服；③位移增至 7.88mm 时，荷载为 668kN，此时观测到下层肩梁内肢侧腹板产生凸曲变形，但承载力继续增长；④当位移增至 9.27mm 时，荷载为 687kN，下层肩梁内肢侧腹板凸曲加剧（图 3-1），此时承载力不再增长，试件变形进一步加大；⑤当位移增至 15.56mm 时，荷载降至 672kN，下层肩梁腹板形成 3 个明显的凸曲半波。随着位移进一步增加，凸曲半波程度加深，承载力迅速下降，降至极限荷载的 85％时，试件变形过大（图 3-2），停止加载。

图 3-1 试件 DSSB-1 下层肩
梁翼缘板变形腹板凸曲

图 3-2 试件 DSSB-1
最终变形

2. 试件 DSSB-2

试件 DSSB-2 在弹性加载阶段，承载力随竖向位移的增大接近线性增长，试件具有较大刚度。荷载由 360kN 增加到 420kN 时，荷载-位移曲线出现明显拐点，下层肩梁内肢侧腹板各测点基本屈服且有轻微凸曲，此时试件整体变形不大，加载完成后，柱顶竖向位移为 2.99mm。当荷载超过 420kN 后，采用柱顶竖向位移控制加载：①位移加至 4.78mm 时，荷载为 517kN，此时下层肩梁内肢侧腹板凸曲明显（图 3-3），上翼缘板变形明显（图 3-4）；②位移增至 6.30mm 时，荷载为 583kN，此时中段柱内肢翼缘板起皮，表明该部位已屈服；③位移增至 7.01mm 时，荷载为 602kN，此时加载过程中有声响，试件带动约束横梁，下层肩梁腹板凸曲加剧，下层肩梁下沉程度加深，上翼缘板较下翼缘板下沉大，承载力下降。随后承载力降至极限荷载的 85%，试件变形过大（图 3-5），停止加载。

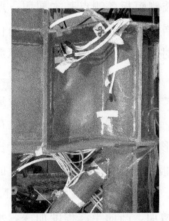  

图 3-3　试件 DSSB-2 下层　　　图 3-4　试件 DSSB-2 肩梁　　　图 3-5　试件 DSSB-2
　　肩梁腹板凸曲　　　　　　　　上翼缘板变形　　　　　　　　最终变形

3. 试件 DSSB-3

试件 DSSB-3 在弹性加载阶段，试件无明显的试验现象，承载力随竖向位移的增大接近线性增长，试件具有较大刚度。荷载由 420kN 增加至 480kN 时，荷载-位移曲线出现明显拐点，下层肩梁内肢侧腹板各测点基本屈服，此时试件整体变形不大，加载完成后，柱顶竖向位移为 3.01mm。当荷载超过 480kN 后，采用柱顶竖向位移控制加载：①位移加至 4.55mm 时，荷载为 560kN，此时观测到下层肩梁内肢侧上翼缘板下沉明显，表明下层肩梁内肢侧腹板进入塑性阶段且变形加大；②位移增至 6.31mm 时，荷载为 620kN，此时承载力增速放缓，中段柱内肢翼缘板出现亮黑色起皮条纹，表明该部位已发生屈服，并且下层肩梁整体出现明显下沉。③位移增至 8.36mm 时，荷载为 669kN，在加载过程中下层肩梁内肢侧腹板产生凸曲（图 3-6），随着荷载的增大，下层肩梁内肢侧腹板凸曲明显且承载力增速进一步放缓；④位移增至13.70mm 时，荷载为 651kN，下层肩梁内肢侧腹板凸曲程度加深且承载力下降。随着位移持续增加，试件变形进一步增大，随后承载力降至极限荷载的 85%，试件变形过大（图 3-7），停止加载。

 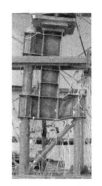

图 3-6　试件 DSSB-3 下层
肩梁翼缘板变形腹板凸曲

图 3-7　试件 DSSB-3
最终变形

3.1.2　荷载-位移曲线

通过下层肩梁内肢侧腹板的屈服和荷载-位移曲线共同确定双层肩梁构件的屈服荷载，下层肩梁内肢侧腹板各测点的屈服以等效屈服应变来确定，且以最晚屈服的测点对应荷载作为屈服荷载。荷载-位移曲线及与之相应的荷载-应变曲线如图 3-8～图 3-13 所示。

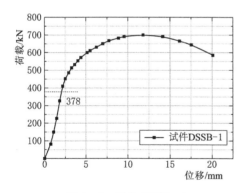 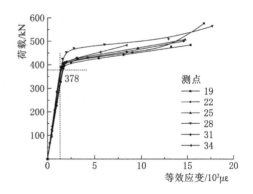

图 3-8　试件 DSSB-1
荷载-位移曲线

图 3-9　试件 DSSB-1 下层肩梁内
肢侧腹板测点荷载-等效应变曲线

肩梁以及中段柱内肢腹板弹性阶段采用式（2-11）来计算等效应力，以等效屈服应变来判断测点的屈服状态，其中 4mm 腹板的等效屈服应变为 $1311\mu\varepsilon$。

试件 DSSB-1 的 34 号应变花处数据表明，该测点应变值达到屈服应变 $1311\mu\varepsilon$ 时，对应的荷载为 378kN；试件 DSSB-2 的 43 号测点达到屈服应变时，对应的荷载为330kN；试件DSSB-3的19号测点达到屈服应变时，对应的荷载为390kN。与其对应的荷载-位移曲线的拐点和荷载-等效应变曲线的拐点基本一致，该值能较好地说明双层肩梁试件的屈服。双肢边柱试件承载力结果及破坏模式见表3-1。

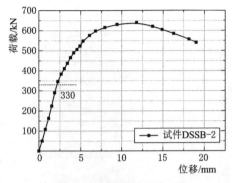

图3-10 试件DSSB-2
荷载-位移曲线

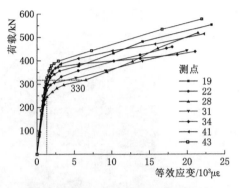

图3-11 试件DSSB-2下层肩梁内
肢侧腹板测点荷载-等效应变曲线

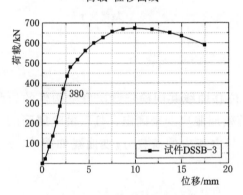

图3-12 试件DSSB-3
荷载-位移曲线

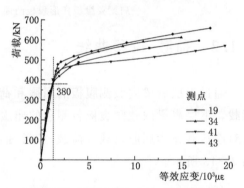

图3-13 试件DSSB-3下层肩梁内
肢侧腹板测点荷载-等效应变曲线

表3-1 双肢边柱试件承载力结果及破坏模式

试件编号	屈服荷载点		极限荷载点		破坏模式
	Δ_y/mm	P_y/kN	Δ_u/mm	P_u/kN	
DSSB-1	2.03	378	11.81	700	
DSSB-2	2.14	330	11.79	640	腹板剪切型屈曲
DSSB-3	2.35	390	9.92	675	

3.1.3 关键部位应力及应变分析

3.1.3.1 下层肩梁翼缘

试件DSSB-1、试件DSSB-2及试件DSSB-3翼缘板厚度均为6mm，屈服应变为1456$\mu\varepsilon$。

1. 试件 DSSB - 1

试件 DSSB - 1 下层肩梁翼缘板应变测点布置如图 3 - 14 所示。

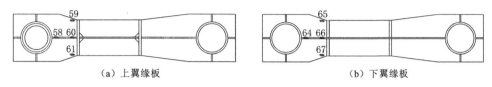

（a）上翼缘板　　　　　　　　　　（b）下翼缘板

图 3 - 14　试件 DSSB - 1 下层肩梁翼缘板应变测点布置

试件 DSSB - 1 下层肩梁上、下翼缘板荷载-应变曲线如图 3 - 15、图 3 - 16 所示。由图 3 - 15、图 3 - 16 可知，在荷载作用初期，应变线性增长；试件屈服时，翼缘板未发生屈服；由于此后下层肩梁内肢侧腹板进入塑性，变形加剧，下层肩梁整体下沉速度加快，导致上、下层肩梁翼缘板变形加大，从荷载-应变曲线上可看出明显拐点；近下段柱内肢侧测点应变普遍低于近中段柱内肢侧，说明此处所承受的弯矩较小。试件 DSSB - 1 在 378kN 时翼缘板应变值见表 3 - 12。

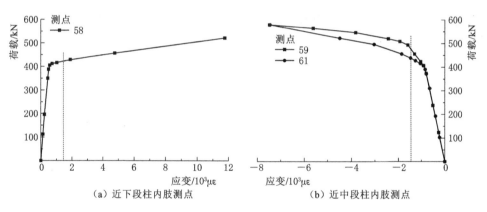

（a）近下段柱内肢测点　　　　　　　（b）近中段柱内肢测点

图 3 - 15　试件 DSSB - 1 下层肩梁上翼缘板荷载-应变曲线

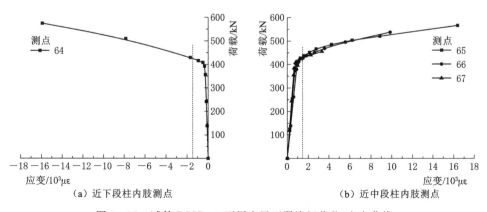

（a）近下段柱内肢测点　　　　　　　（b）近中段柱内肢测点

图 3 - 16　试件 DSSB - 1 下层肩梁下翼缘板荷载-应变曲线

表 3 - 2　　　　　　　　试件 DSSB - 1 在 378kN 时翼缘板应变值

测点	58	59	60	61	64	65	66	67
应变/με	487	−803	异常	−804	−287	743	888	648

2. 试件 DSSB - 2

试件 DSSB - 2 下层肩梁翼缘板应变测点布置如图 3 - 17 所示。

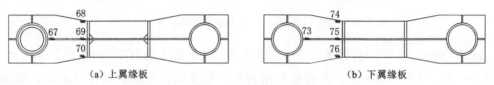

（a）上翼缘板　　　　　　　　　　　　（b）下翼缘板

图 3 - 17　试件 DSSB - 2 下层肩梁翼缘板应变测点布置

试件 DSSB - 2 下层肩梁上、下翼缘板荷载-应变曲线如图 3 - 18、图 3 - 19 所示。由图 3 - 18、图 3 - 19 可知，下层肩梁内肢侧腹板全截面屈服时，翼缘板还未屈服（表 3 - 3）；在下层肩梁内肢侧腹板全截面屈服后，翼缘板应变迅速增加，这是由于腹板进入塑性后变形加大，引起翼缘板的下沉和中段柱内肢的横向挤压；上翼缘板应变值整体高于下翼缘板，说明上翼缘板受挤压应力的影响较大。翼缘板中部的 69 号和 75 号测点应变值均大于边缘处，可看出存在剪力滞后效应。

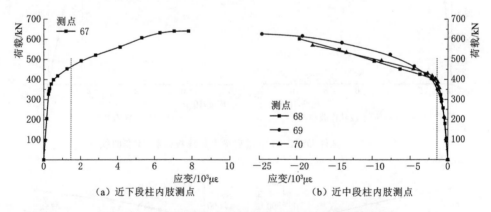

（a）近下段柱内肢测点　　　　　　　　　　（b）近中段柱内肢测点

图 3 - 18　试件 DSSB - 2 下层肩梁上翼缘板荷载-应变曲线

表 3 - 3　　　　　　　　试件 DSSB - 2 在 330kN 时翼缘板应变值

测点	67	68	69	70	73	74	75	76
应变/με	259	−975	−1117	−936	−815	602	814	614

3. 试件 DSSB - 3

试件 DSSB - 3 下层肩梁翼缘板应变测点布置如图 3 - 20 所示。

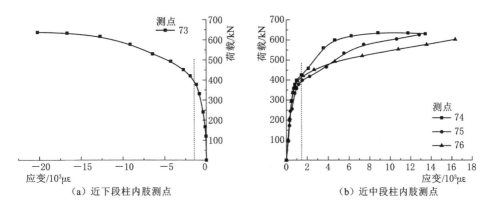

图 3-19　试件 DSSB-2 下层肩梁下翼缘板荷载-应变曲线

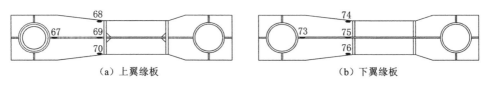

图 3-20　试件 DSSB-3 下层肩梁翼缘板应变测点布置

　　试件 DSSB-3 下层肩梁上、下翼缘板荷载-应变曲线如图 3-21、图 3-22 所示。由图 3-21、图 3-22 可知，试件 DSSB-3 达到屈服荷载 390kN 时，除 69 号测点外，其余测点均未屈服（表 3-4）；跟近中段柱内肢 68 号、69 号、70 号、74 号、75 号、76 号测点相比，近下段柱内肢 67 号、73 号测点应变在弹性阶段较小，待构件屈服后，应变迅速增长并进入塑性阶段；上翼缘板应变值普遍高于下翼缘板应变值，说明上翼缘板受力较大，受挤压应力影响显著；中段柱 69 号测点应变值与 75 号测点应变值均高于边缘测点，可看出存在剪力滞后效应。

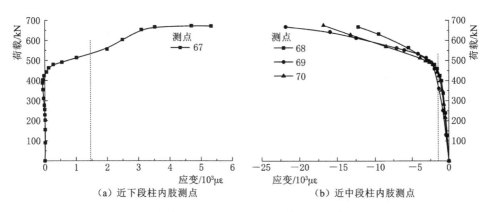

图 3-21　试件 DSSB-3 下层肩梁上翼缘板荷载-应变曲线

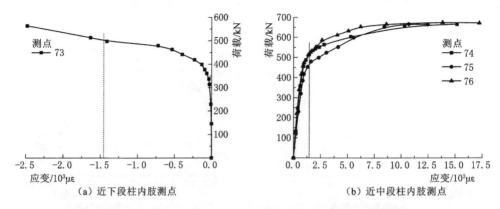

(a) 近下段柱内肢测点　　　　　　(b) 近中段柱内肢测点

图3-22　试件 DSSB-3 下层肩梁下翼缘板荷载-应变曲线

表3-4　　　　　　　　　试件 DSSB-3 在 390kN 时翼缘板应变值

测点	67	68	69	70	73	74	75	76
应变/με	−76	−1267	−1621	−1373	−322	776	1034	727

4. 小结

下层肩梁近下段柱内肢侧测点应变值在荷载作用初期普遍不高，试件屈服时，应变值均小于近中段柱内肢测点，试件屈服后，由于构件变形增大，该部位应变值迅速增长并很快屈服。近中段柱内肢测点在试件处于弹性阶段时，应变线性增长，试件屈服后，亦表现出应变迅速增大的行为，并迅速屈服。上翼缘板各测点应变值普遍高于下翼缘板，说明上翼缘板受挤压应力的影响较大。翼缘板中柱应变值高于边缘处，说明存在剪应变的影响。

从三个试件的对比中发现，在中段柱内肢向外侧偏移的过程中，上翼缘板有先于腹板全截面屈服的风险，在设计中或可加大上翼缘板的厚度。

3.1.3.2　中段柱内肢翼缘板

试件 DSSB-1、试件 DSSB-2 及试件 DSSB-3 中段柱内肢翼缘板厚度均为 8mm，屈服应变为 1434με。

1. 试件 DSSB-1

试件 DSSB-1 中段柱内肢内侧、外侧翼缘板荷载-应变曲线如图3-23、图3-24所示。由图3-23、图3-24可知，试件 DSSB-1 中段柱内肢翼缘板与肩梁翼缘板应变发展一致，试件受力的弹性阶段，应变增长呈线性；试件屈服时，中段柱内肢翼缘板未出现屈服（表3-5）；在试件屈服后，构件变形增大，应变变化剧烈，中段柱内肢内侧的翼缘板迅速屈服，靠近外侧的翼缘板由于中段柱内肢的弯矩增大，导致中段柱内肢翼缘板从受压转为受拉。

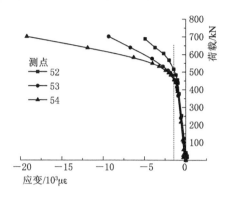 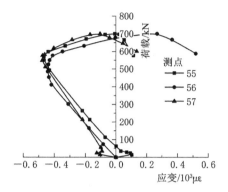

图 3-23　试件 DSSB-1 中段柱内肢内侧　　　　图 3-24　试件 DSSB-1 中段柱内肢外侧
　　　　翼缘板荷载-应变曲线　　　　　　　　　　　　翼缘板荷载-应变曲线

表 3-5　　　　　　　　　　　试件 DSSB-1 在 378kN 时翼缘板应变值

测点	52	53	54	55	56	57
应变/$\mu\varepsilon$	−831	−959	−959	−323	−387	−349

2. 试件 DSSB-2

试件 DSSB-2 中段柱内肢内侧、外侧翼缘板荷载-应变曲线如图 3-25、图 3-26 所示。由图 3-25、图 3-26 可知，试件 DSSB-2 与试件 DSSB-1 中段柱内肢翼缘板边缘位置应变一样，加载初期均出现波动，之后线性增长，直至试件屈服；随着试件的屈服，变形速率加大，翼缘板应变增长迅速，其中外侧翼缘板在荷载增大的情况下应变值减小，说明此处的受力变小，并且随着变形的增大，受力状态由受压变为受拉；试件屈服时，中段柱内肢翼缘板未出现屈服（表 3-6）。

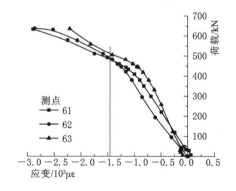 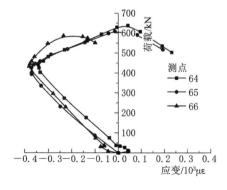

图 3-25　试件 DSSB-2 中段柱内肢内侧　　　　图 3-26　试件 DSSB-2 中段柱内肢外侧
　　　　翼缘板荷载-应变曲线　　　　　　　　　　　　翼缘板荷载-应变曲线

表 3-6　　　　　　　　　试件 DSSB-2 在 330kN 时翼缘板应变值

测点	61	62	63	64	65	66
应变/$\mu\varepsilon$	−769	−935	−629	−279	−326	−308

3. 试件 DSSB-3

试件 DSSB-3 中段柱内肢内侧、外侧翼缘板荷载-应变曲线如图 3-27、图 3-28 所示。由图 3-27、图 3-28 可知，试件 DSSB-3 加载初期同试件 DSSB-1、试件 DSSB-2，翼缘板边缘应变值有波动，波动方向相反；试件屈服时，翼缘板未屈服（表 3-7）；外侧翼缘板在试件屈服后应变增长状态出现反复，在到达极限荷载时，处于受压状态，在达到极限荷载后，应变开始减小；内侧翼缘板应变变化规律与试件 DSSB-1、试件 DSSB-2 类似，试件未屈服前应变线性增长，试件屈服后，整体变形加大，应变迅速增长并迅速屈服。

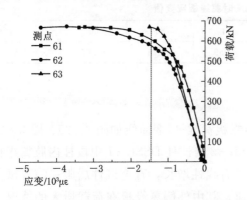

图 3-27　试件 DSSB-3 中段柱内肢内侧
翼缘板荷载-应变曲线

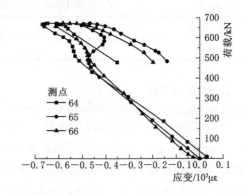

图 3-28　试件 DSSB-3 中段柱内肢外侧
翼缘板荷载-应变曲线

表 3-7　　　　　　　　　试件 DSSB-3 在 390kN 时翼缘板应变值

测点	61	62	63	64	65	66
应变/$\mu\varepsilon$	−522	−712	−643	−413	−402	−384

4. 小结

在竖向荷载下，中段柱内肢在试件屈服前未屈服，满足设计要求。在试件屈服后，变形速率增大，应变迅速增长，随着荷载的增加，靠近外侧的翼缘板出现卸载的情况，说明构件屈服后中段柱内肢的弯矩亦迅速增长，由内外两侧翼缘板的应变比值便可看出。在中段柱内肢布置在下层肩梁中间及以内的情况下，加载后期外侧翼缘板由受压转为受拉，亦可说明加载后期弯矩比轴力对中段柱内肢的影响大。

3.1.3.3 钢管

试件 DSSB-1、试件 DSSB-2 及试件 DSSB-3 斜腹杆规格为 $\phi50\times4$，屈服应变为 $1467\mu\varepsilon$；其余钢管规格为 $\phi108\times6$，屈服应变为 $1891\mu\varepsilon$。

1. 试件 DSSB-1

试件 DSSB-1 钢管各测点荷载-应变曲线如图 3-29～图 3-32 所示。试件屈服时，钢管各测点均未屈服（表 3-8）。

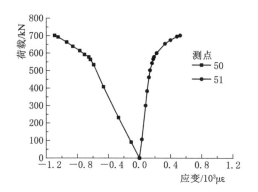

图 3-29 试件 DSSB-1 中段柱外肢钢管
荷载-应变曲线

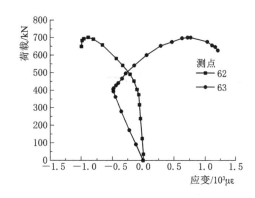

图 3-30 试件 DSSB-1 下段柱内肢钢管
荷载-应变曲线

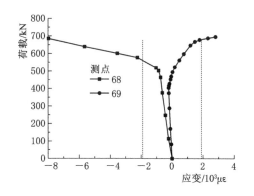

图 3-31 试件 DSSB-1 下段柱外肢钢管
荷载-应变曲线

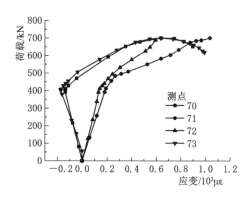

图 3-32 试件 DSSB-1 斜腹杆
荷载-应变曲线

表 3-8　　　　　　　　　试件在 DSSB-1 在 378kN 时钢管应变值

测点	50	51	62	63	68	69	70	71	72	73
应变/$\mu\varepsilon$	-426	97	-71	-465	-627	-208	-131	175	129	-162

由图 3-29 可以看出，试件处于弹性阶段时，中段柱外肢钢管内外两侧（内、外

指向厂房内、外侧，下同）应变线性增长，受压内侧 50 号测点应变增幅高于受拉外侧 51 号测点；在试件屈服后，刚度降低，试件变形速率增大，内外两侧应变均以非线性迅速增长。

由图 3-30 可以看出，下段柱内肢钢管试件弹性受力阶段，应变线性增长，内外两侧均受压，内侧 63 号测点靠近肩梁腹板下部，应变增长明显快于外侧 62 号测点；试件屈服时，内侧 63 号测点应变值不及外侧 62 号测点应变值的 1/6；63 号测点在试件屈服前以轴向压力为主，试件屈服后，由于下段柱内肢受到的水平推力加大，转而由弯矩控制，导致该测点出现卸载，并由受压转至受拉；在加至极限荷载的过程中，下段柱内肢测点均未屈服；下段柱内肢测点对试件的屈服反应较为敏感，表现为 63 号测点试件屈服后应变的反向增长和 62 号测点在试件屈服后应变迅速增长。

由图 3-31 可以看出，与中段柱外肢侧钢管不同，下段柱外肢钢管在弹性阶段，内外两侧均受压，可知由上、下层肩梁传来的轴向压力对下段柱外肢测点的影响较大，直至试件屈服，外侧测点仍处于受压状态，内侧 68 号测点由于靠近肩梁腹板，应变增长快于外侧 69 号测点；试件屈服后，水平推力使得外肢的弯矩增长变大，弯矩的影响加大，69 号测点由受压变为受拉，应变增长加快；对比中段柱外肢与下段柱外肢的应变值，可知下段柱受力更大。

由图 3-32 可以看出，在试件弹性受力阶段，斜腹杆应变值较小，70 号和 73 号测点受压；试件屈服后，下段柱内肢受到的推力加大，斜腹杆拉力加大，引起 70 号和 73 号测点应变出现反向增加，受压变为受拉，71 号和 72 号测点应变一直处于受拉状态。

2. 试件 DSSB-2

试件 DSSB-2 钢管各测点荷载-应变曲线如图 3-33～图 3-36 所示。试件屈服时，钢管各测点均未屈服（表 3-9）。

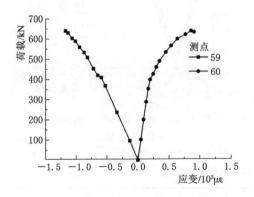

图 3-33　试件 DSSB-2 中段柱外肢钢管荷载-应变曲线

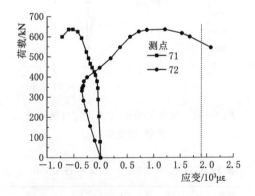

图 3-34　试件 DSSB-2 下段柱内肢钢管荷载-应变曲线

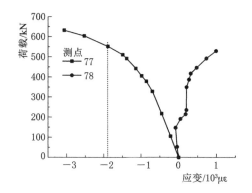

图 3-35　试件 DSSB-2 下段柱外肢钢管
荷载-应变曲线

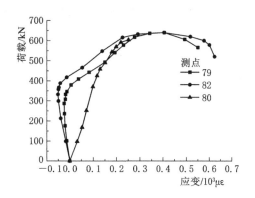

图 3-36　试件 DSSB-2 斜腹杆
荷载-应变曲线

表 3-9　　　　　　　　　**试件 DSSB-2 在 330kN 时钢管应变值**

测点	59	60	71	72	77	78	79	80	81	82
应变/$\mu\varepsilon$	-472	154	-46	-338	-701	213	-13	90	异常	-49

同试件 DSSB-1，中段柱外肢内侧 59 号测点与外侧 60 号测点应变符号相反，内侧受压应变增速较快（图 3-33）。下段柱内肢内侧 71 号测点加载初期应变很小，试件屈服时应变为 $-46\mu\varepsilon$，试件屈服后应变增速加快；外侧 72 号测点在试件屈服前线性增长，屈服后应变反向增长（图 3-34）。下段柱外肢 77 号测点应变大于 78 号测点，与试件 DSSB-1 规律一致，此后 78 号测点应变发展异常（图 3-35）。斜腹杆 79 号和 82 号测点加载初期受压，试件屈服后转为受拉，可知试件的屈服对其影响较大（图 3-36）。

3. 试件 DSSB-3

试件 DSSB-3 钢管各测点荷载-应变曲线如图 3-37～图 3-40 所示。应变发展规律与试件 DSSB-1、试件 DSSB-2 基本一致，不再赘述。试件屈服时，钢管各测点均未屈服（表 3-10）。最大应变部位为 77 号测点，位于下段柱外肢钢管内侧，三个试件在此部位的应变数接近，分别为 $-627\mu\varepsilon$、$-701\mu\varepsilon$ 和 $-636\mu\varepsilon$；其次应变较大的部位为 59 号测点，位于中段柱外肢内侧，三个试件在此部位的应变数值也很接近，分别为 $-426\mu\varepsilon$、$-472\mu\varepsilon$ 和 $-453\mu\varepsilon$。试件屈服时斜腹杆应变值很小，远未屈服。

4. 小结

中段柱外肢钢管受弯矩的影响，内侧受压外侧受拉。在试件处于弹性阶段时，下段柱内肢钢管受力较小，离肩梁腹板较近的测点受力大于较远处的测点，试件屈服后，受下层肩梁传递的弯矩影响，受压变为受拉。钢管各部分中，下段柱外肢内侧应变最大，为拉应力，斜腹杆钢管应变始终较小。

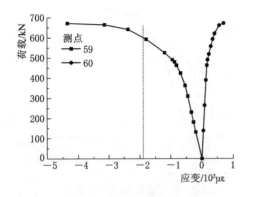

图 3-37　试件 DSSB-3 中段柱外肢钢管
荷载-应变曲线

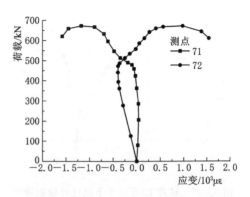

图 3-38　试件 DSSB-3 下段柱内肢钢管
荷载-应变曲线

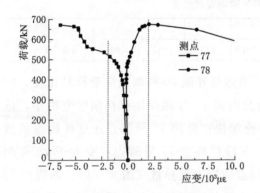

图 3-39　试件 DSSB-3 下段柱外肢钢管
荷载-应变曲线

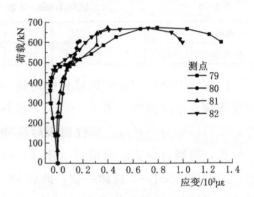

图 3-40　试件 DSSB-3 斜腹杆
荷载-应变曲线

表 3-10　　　　　　　　　　　　试件 DSSB-3 在 390kN 时钢管应变值

测点	59	60	71	72	77	78	79	80	81	82
应变/$\mu\varepsilon$	−453	131	−10	−363	−636	−96	−24	54	51	−40

3.1.3.4　腹板等效应力

试件腹板分区如图 3-41 所示，由于试件 DSSB-1、试件 TSSB-1 以及试件 QSSB-1 的下层肩梁内肢侧腹板空间较小，2 号列应变没有布置测点，其余试件在试验过程中均有布置 2 号列应变花。各试件在 50kN 荷载时腹板等效应力值见表 3-11～表 3-13。

A7—C7—C9—A9 所围成的区域表示上层肩梁腹板（简称 A7—C9 围区）；D4—D6 围区表示中段柱内肢腹板；E1—G1—G3—E3 所围成的区域表示下层肩梁内肢侧腹板（简称 E1—G3 围区）；E7—G7—G9—E9 所围成的区域表示下层肩梁外肢侧腹板（简称 E7—G9 围区）。

从试件弹性状态下腹板的应力状态可知,下层肩梁腹板的应力值普遍高于中段柱内肢以及上层肩梁的;试件 DSSB-1、试件 DSSB-2 和试件 DSSB-3 的下层肩梁内肢侧腹板应力值高于外肢侧,可表明此区域最先屈服。三个试件下层肩梁内肢侧腹板应力值以 G1—E3 连线处最大。

整体而言,三种试件的上层肩梁应力值差异较小。对于下层肩梁内肢侧腹板应力,试件 DSSB-1 的最大,试件 DSSB-2 的次之,试件 DSSB-3 的最小;对于下层肩梁外肢侧腹板应力,试件 DSSB-3 的最大,试件 DSSB-2 的次之,试件 DSSB-1 的最小。说明在中段柱内肢向外侧偏移的

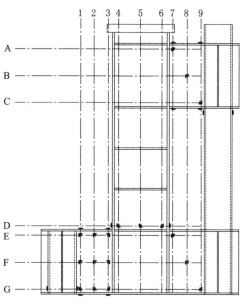

图 3-41　试件腹板分区图

过程中,对上层肩梁的受力影响较小,下层肩梁外肢侧受力增加,内肢侧受力减小。

表 3-11　　　　　　　　试件 DSSB-1 在 50kN 荷载时腹板等效应力值　　　　　单位:MPa

腹板区域行	腹板区域列								
	1	2	3	4	5	6	7	8	9
A	—	—	—	—	—	—	16	—	—
B	—	—	—	—	—	—	—	10	—
C	—	—	—	—	—	—	—	—	14
D	—	—	—	26	10	14	—	—	—
E	45	—	55	—	—	—	28	—	—
F	49	—	45	—	—	—	—	30	—
G	51	—	43	—	—	—	—	—	31

注　—表示该区域没有构件或者没有布置测点。

表 3-12　　　　　　　　试件 DSSB-2 在 50kN 荷载时腹板等效应力值　　　　　单位:MPa

腹板区域行	腹板区域列								
	1	2	3	4	5	6	7	8	9
A	—	—	—	—	—	—	15	—	—
B	—	—	—	—	—	—	—	11	—
C	—	—	—	—	—	—	—	—	17
D	—	—	—	异常	12	异常	—	—	—
E	37	45	45	—	—	—	29	—	—
F	43	45	45	—	—	—	—	29	—
G	47	41	33	—	—	—	—	—	35

表 3 - 13　　　　　　　试件 DSSB - 3 在 50kN 荷载时腹板等效应力值　　　　　单位：MPa

腹板区域行	腹板区域列								
	1	2	3	4	5	6	7	8	9
A	—	—	—	—	—	—	19	—	—
B	—	—	—	—	—	—	—	14	—
C	—	—	—	—	—	—	—	—	17
D	—	—	—	22	4	13	—	—	—
E	26	31	39	—	—	—	31	—	—
F	34	38	30	—	—	—	—	15	—
G	39	32	26	—	—	—	—	—	38

3.2　三肢边柱双层肩梁试验现象及结果分析

3.2.1　试验现象

1. 试件 TSSB - 1

试件 TSSB - 1 未受荷状态下的形态如图 3 - 42 所示，在弹性加载阶段，承载力随竖向位移的增大接近线性增长。当荷载增加到 600kN 左右，荷载-位移曲线出现拐点，下层肩梁内肢侧腹板各测点基本屈服，此时试件整体变形较小，柱顶竖向位移为 2.70mm。当荷载增至 700kN，采用柱顶位竖向位移控制加载：①位移加至 3.79mm 时，荷载为 910kN，此时观测到中段柱内肢翼缘板有黑色斜向条纹，靠近根部区域，表明该部位已屈服；②位移增至 4.87mm 时，荷载为 1060kN，下层肩梁近内肢侧腹板焊缝掉渣，下层肩梁内肢侧腹板剪切变形明显，呈平行四边形，中段柱内肢翼缘板起皮条纹加密（图 3 - 43），下层肩梁出现下沉；③位移增至 6.62mm 时，荷载为 1196kN，下层肩梁内肢侧腹板产生凸曲，随着荷载的增大，下层肩梁内肢侧腹板凸曲明显（图 3 - 44），承载力增速进一步放缓；④位移增至 13.48mm 时，荷载为 1236kN，下层肩梁内肢侧腹板凸曲程度加深，在加载过程中承载力下降。随着位移的持续增加，试件变形进一步增大，承载力降至极限荷载的 85%，试件变形过大（图 3 - 45），停止加载。

2. 试件 TSSB - 2

试件 TSSB - 2 未受荷状态下的形态如图 3 - 46 所示，在弹性加载阶段，无明显的

图3-42　试件TSSB-1未受荷

图3-43　试件TSSB-1亮黑色起皮条纹

图3-44　试件TSSB-1翼缘板变形腹板凸曲

图3-45　试件TSSB-1最终变形

试验现象，承载力随竖向位移的增大接近线性增长，试件具有较大的刚度。荷载由720kN增加到840kN时，荷载-位移曲线出现明显拐点，下层肩梁内肢侧腹板各测点基本屈服，此时试件整体变形不大，加载完成后，柱顶竖向位移为2.98mm。当荷载超过840kN后，采用柱顶竖向位移控制加载：①位移加至3.63mm时，荷载为960kN，观测到中段柱内肢翼缘板有黑色斜向条纹，说明该部位已屈服；②位移增至5.38mm时，荷载为1132kN，在加载过程中，下层肩梁内肢侧腹板产生凸曲，中段柱内肢翼缘板起皮且条纹加密（图3-47）；③当位移增至7.46mm时，荷载为1203kN，此时下层肩梁下沉明显，内肢侧腹板凸曲明显（图3-48），承载力增速进一步放缓；④位移增至11.60mm时，荷载为1181kN，此时加载过程中有声响，可能是由于试件与约束横梁之间相互作用产生的，下层肩梁内肢侧腹板凸曲加剧，随着位移的继续增加，试件变形进一步增大，承载力下降。随后承载力降至极限荷载的85%，试件变形过大（图3-49），停止加载。

图 3-46 试件 TSSB-2 未受荷

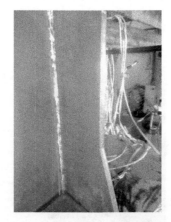

图 3-47 试件 TSSB-2 亮黑色起皮条纹

图 3-48 试件 TSSB-2 翼缘板变形腹板凸曲

图 3-49 试件 TSSB-2 最终变形

3. 试件 TSSB-3

试件 TSSB-3 未受荷状态下的形态如图 3-50 所示，在弹性加载阶段，试件无明显变形现象，当荷载加至 700kN 时，中段柱内肢翼缘板起皮（图 3-51），说明中段柱内肢翼缘板发生屈服，试件 TSSB-1 及试件 TSSB-2 在弹性加载阶段并未出现这种情况，说明中段柱内肢在向外侧偏移的过程中，其内侧翼缘板受力变大，有先于试件屈服的风险。但总体来看，中段柱内肢内侧翼缘板的屈服对试件并未造成明显影响，试件承载力随竖向位移的增大接近线性增长，试件具有较大的刚度。荷载由 700kN 增加到 840kN 时，荷载-位移曲线出现明显拐点，下层肩梁内肢侧腹板各测点基本屈服，此时试件整体变形较小，加载完成后，柱顶竖向位移为 2.57mm。荷载超过 840kN 后，采用柱顶竖向位移控制加载：①位移增至 4.52mm 时，荷载为 1000kN，在加载过程中，下层肩梁内肢侧腹板产生凸曲；②当位移增至 8.6mm 时，荷载为 1171kN，此时下层肩梁下沉明显，内肢侧腹板凸曲明显（图 3-52），试件整体变形明显，承载力增速进一步放缓；③当位移增至 11.56mm 时，荷载为 1174kN，下层肩梁内肢侧腹板凸曲程度加剧，在加载过程中承载力下降。随着位移的持续增加，试件变形进一步增大，随后承载力降至极限荷载的 85%，试件变形过大（图 3-53），停止加载，卸载后有明显的残余变形。

图 3-50　试件 TSSB-3 未受荷

图 3-51　试件 TSSB-3 亮黑色起皮条纹

图 3-52　试件 TSSB-3 翼缘板变形腹板凸曲

图 3-53　试件 TSSB-3 最终变形

3.2.2　荷载-位移曲线

荷载-位移曲线及与之相应的荷载-等效应变曲线如图 3-54~图 3-59 所示。从各试件的荷载-位移曲线可以看出，在下层肩梁内肢侧腹板全截面屈服时，荷载-位移曲线均出现明显的拐点，说明下层肩梁内肢侧腹板的屈服对试件的屈服荷载起主导作用。从各试件的荷载-等效应变曲线可以看出，在下层肩梁内肢侧腹板各测点进入塑性阶段时，对应的荷载与荷载-位移曲线拐点对应的荷载接近，说明下层肩梁内肢侧腹板的屈服可以很好反映试件的屈服。

试件 TSSB-1 下层肩梁内肢侧腹板 25 号应变花处数据表明，该测点应变值达到屈服应变 $1311\mu\varepsilon$ 时，对应的荷载为 546kN（图 3-55）；试件 TSSB-2 下层肩梁内肢侧腹板角部 43 号测点达到屈服应变时，对应的荷载为 658kN（图 3-57）；试件 TSSB-3 下层肩梁内肢侧腹板角部 43 号应变测点达到屈服应变时，对应的荷载为 731kN（图 3-59）。

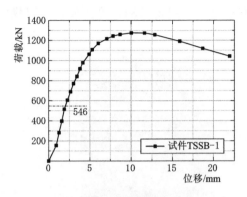

图 3-54 试件 TSSB-1
荷载-位移曲线

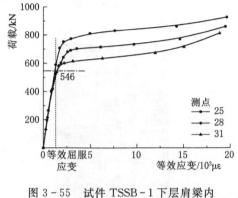

图 3-55 试件 TSSB-1 下层肩梁内
肢侧腹板测点荷载-等效应变曲线

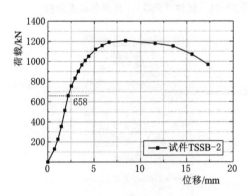

图 3-56 试件 TSSB-2
荷载-位移曲线

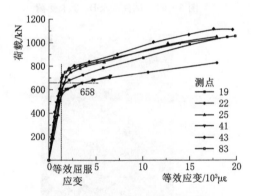

图 3-57 试件 TSSB-2 下层肩梁内
肢侧腹板测点荷载-等效应变曲线

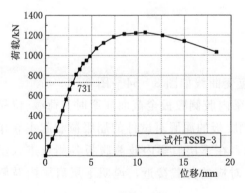

图 3-58 试件 TSSB-3
荷载-位移曲线

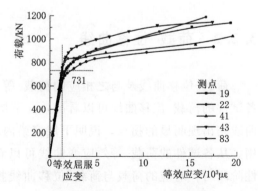

图 3-59 试件 TSSB-3 下层肩梁内
肢侧腹板测点荷载-等效应变曲线

三肢边柱试件承载力结果及破坏模式见表 3-14。对比双肢边柱试件的屈服荷载，除试件 DSSB-1 外，试件 TSSB-2、试件 TSSB-3 屈服荷载分别为试件 DSSB-2 的 1.99 倍、试件 DSSB-3 的 1.87 倍（表 3-1、表 3-14），约为单腹板肩梁的 2 倍。

表 3-14　　　　　　　　　三肢边柱试件承载力结果及破坏模式

试件编号	屈服荷载点		极限荷载点		破坏模式
	Δ_y/mm	P_y/kN	Δ_u/mm	P_u/kN	
TSSB-1	2.04	546	10.03	1275	
TSSB-2	2.20	658	8.40	1207	腹板剪切型屈曲
TSSB-3	2.99	731	9.72	1227	

从表 3-14 可以看出，在中段柱内肢向外侧偏移的过程中，构件的屈服荷载不断提高，极限荷载差别不大。中段柱内肢向外侧偏移的过程中，弯矩不断增大，承载力却发生提高，由此也可看出试件的破坏并不是由弯矩控制而是由剪力主导的，同时也表明以下层肩梁内肢侧腹板的屈服来确定整体试件屈服荷载的合理性。

3.2.3　关键部位应力及应变分析

3.2.3.1　下层肩梁翼缘板

试件 TSSB-1、试件 TSSB-2 及试件 TSSB-3 翼缘板厚度均为 6mm，屈服应变为 1456$\mu\varepsilon$。

1. 试件 TSSB-1

试件 TSSB-1 下层肩梁翼缘板应变测点布置如图 3-60 所示。

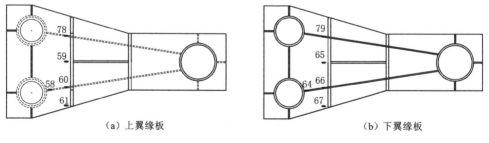

（a）上翼缘板　　　　　　　　　　　　　（b）下翼缘板

图 3-60　试件 TSSB-1 下层肩梁翼缘板应变测点布置

试件 TSSB-1 在 546kN 时翼缘板应变值见表 3-15。由表 3-15 可知，翼缘板各应变测点在试件屈服时均未达到屈服应变，说明下层肩梁翼缘板受力小于腹板。

试件 TSSB-1 下层肩梁上、下翼缘板荷载-应变曲线如图 3-61、图 3-62 所示。

由图 3-61 可以看出，上翼缘板 58 号测点应变在加载初期增长较小，大约 200kN 后才有明显的增长，自试件屈服后，应变迅速增长并进入塑性阶段；上翼缘板 59 号、60 号、61 号和 78 号测点应变规律相似，当试件处于弹性阶段时近似线性增长，当试件屈服后，应变迅速增长并进入塑性阶段。由图 3-62 可以看出，下翼缘板 64 号测点应变在加载初期受拉，大致在 400kN 处反向增长，当试件屈服后应变迅速增长，由受拉转为受压；下翼缘板 65 号、66 号和 67 号测点应变在加载初期线性增长，当试件屈服后应变亦迅速增长并进入塑性阶段；上翼缘板中部 59 号、60 号和 78 号测点应变大于边缘处 61 号测点应变，位于腹板上部的 60 号测点应变为上翼缘板各测点最大应变。

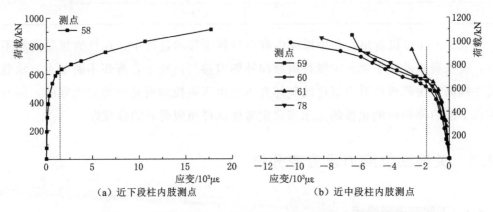

（a）近下段柱内肢测点　　　　　　　　　（b）近中段柱内肢测点

图 3-61　试件 TSSB-1 下层肩梁上翼缘板荷载-应变曲线

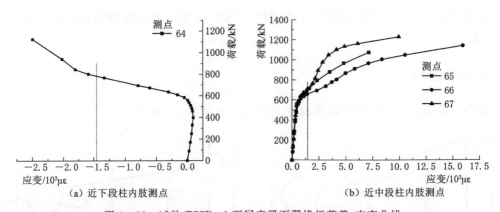

（a）近下段柱内肢测点　　　　　　　　　（b）近中段柱内肢测点

图 3-62　试件 TSSB-1 下层肩梁下翼缘板荷载-应变曲线

表 3-15　　　　　　　　　　试件 TSSB-1 在 546kN 时翼缘板应变值

测点	58	59	60	61	78	64	65	66	67	79
应变/$\mu\varepsilon$	666	-848	-1039	-586	-703	22	551	443	474	异常

2. 试件 TSSB-2

试件 TSSB-2 下层肩梁翼缘板应变测点布置如图 3-63 所示。

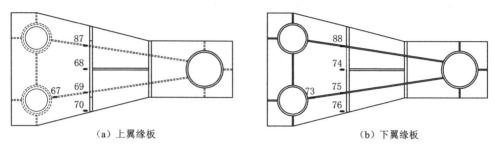

（a）上翼缘板　　　　　　　　　　（b）下翼缘板

图 3-63　试件 TSSB-2 下层肩梁翼缘应变测点布置

　　试件 TSSB-2 下层肩梁上、下翼缘板荷载-应变曲线如图 3-64、图 3-65 所示。由图 3-64 可以看出，上翼缘板 67 号测点应变在 370με 时近似进入塑性流动阶段，远早于屈服应变 1456με，可能是受到灌浆料孔附近焊缝残余应力的影响。由图 3-65 可以看出，下翼缘板 73 号测点应变在加载初期应变值很小，大致在 260kN 时出现拐点并反向增长，其余各应变测点在加载初期均发生线性增长，自试件屈服后，应变增长速率加快，并迅速进入塑性阶段。

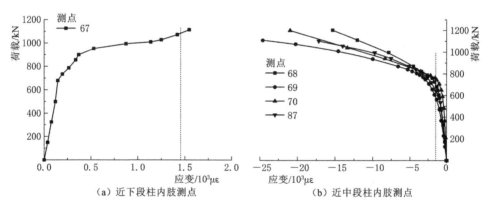

（a）近下段柱内肢测点　　　　　　（b）近中段柱内肢测点

图 3-64　试件 TSSB-2 下层肩梁上翼缘板荷载-应变曲线

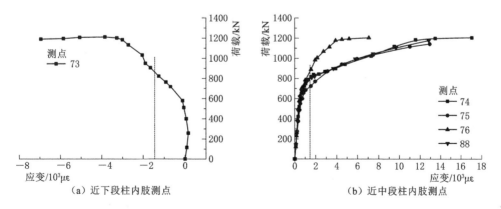

（a）近下段柱内肢测点　　　　　　（b）近中段柱内肢测点

图 3-65　试件 TSSB-2 下层肩梁下翼缘板荷载-应变曲线

试件 TSSB-2 在 658kN 时翼缘板应变值见表 3-16。由表 3-16 可知，当试件屈服时，上翼缘板的 69 号、87 号测点发生屈服，其余测点均未屈服，下翼缘板各应变测点应变值远小于屈服应变，即上、下翼缘板未能形成塑性铰，并不能说明试件的屈服是由于翼缘板控制的。与上翼缘不同，下翼缘板位于腹板处的 88 号测点应变略大于边缘位置 76 号测点应变。

表 3-16 试件 TSSB-2 在 658kN 时翼缘板应变值

测点	67	68	69	70	87	73	74	75	76	88
应变/$\mu\varepsilon$	147	−1208	−1921	−716	−1475	−336	659	866	555	598

3. 试件 TSSB-3

试件 TSSB-3 下层肩梁翼缘板应变测点布置如图 3-66 所示。

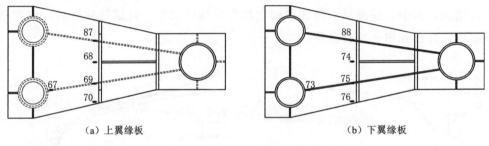

(a) 上翼缘板   (b) 下翼缘板

图 3-66 试件 TSSB-3 下层肩梁翼缘板应变测点布置

试件 TSSB-3 下层肩梁上、下翼缘板荷载-应变曲线如图 3-67、图 3-68 所示。由图 3-67、图 3-68 可以看出，下翼缘板 73 号应变在 300kN 之前几乎为零，300kN 之后与其余各测点应变增长规律一致，在加载初期均线性增长，试件整体屈服后，未屈服测点应变增速加快，并迅速屈服。

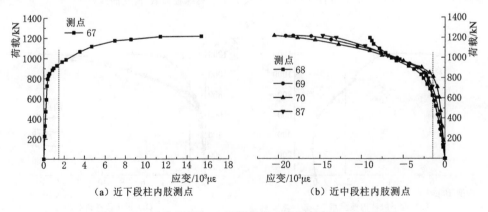

(a) 近下段柱内肢测点   (b) 近中段柱内肢测点

图 3-67 试件 TSSB-3 下层肩梁上翼缘板荷载-应变曲线

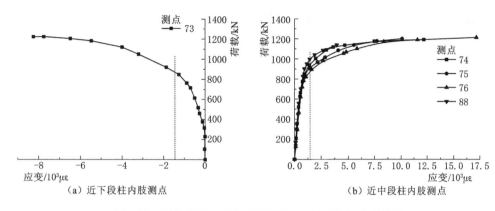

（a）近下段柱内肢测点　　　　　（b）近中段柱内肢测点

图 3-68　试件 TSSB-3 下层肩梁下翼缘板荷载-应变曲线

试件 TSSB-3 在 731kN 时翼缘板应变值见表 3-17。由表 3-17 可以看出，试件 TSSB-3 在达到屈服荷载 731kN 时，上翼缘板 68 号、69 号和 87 号测点均发生屈服，此时下翼缘板测点未屈服，未形成塑性铰，上翼缘板屈服后肩梁承载力仍在继续增长。

表 3-17　　　　　　　　　　　试件 TSSB-3 在 731kN 时翼缘板应变值

测点	67	68	69	70	87	73	74	75	76	88
应变/$\mu\varepsilon$	311	-2134	-1874	-1060	-1668	-782	660	688	766	635

4. 小结

下层肩梁下翼缘板靠近下层肩梁内肢侧测点应变在加载初期变形较小，并有受拉的可能性，随着荷载的增加转为受拉，在试件整体屈服后，随着试件变形速率加快，该测点亦快速受拉至屈服；其余各测点在加载初期均线性增长。在中段柱内肢向外肢侧偏移的过程中，上翼缘板有先于下层肩梁内肢侧腹板屈服的可能性，但是由于下翼缘板先于下层肩梁内侧腹板全截面屈服的可能性很小，无法形成塑性铰，因此导致承载力增速放缓的原因是下层肩梁内侧腹板的剪切屈服。

3.2.3.2　中段柱内肢翼缘板

试件 TSSB-1、试件 TSSB-2 及试件 TSSB-3 中段柱内肢翼缘板厚度均为 10mm，屈服应变为 1575$\mu\varepsilon$。

1. 试件 TSSB-1

试件 TSSB-1 中段柱内肢翼缘板应变测点布置如图 3-69 所示。

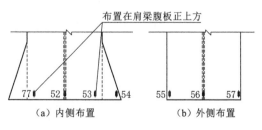

图 3-69　试件 TSSB-1 中段柱内肢翼缘板应变测点布置

试件 TSSB-1 中段柱内肢内侧、外侧翼缘板荷载-应变曲线如图 3-70、图 3-71 所示。由图 3-70、图 3-71 可以看出，中段柱内肢内侧翼缘板 52 号、53 号和 77 号测点应变数值在加载初期较为接近，且均大于边缘处的 54 号测点应变；中段柱内肢外侧翼缘板 55 号测点的荷载-应变曲线与理论分析差别较大；中段柱内肢内侧翼缘板的应变增长要快于外侧；当试件屈服后，中段柱内肢外侧翼缘板出现卸载现象，56 号测点应变在荷载大致为 550kN 时出现拐点，加载后期由于中段柱内肢的弯矩不断增大，该测点已由受压转为受拉，57 号测点应变在荷载大致为 800kN 时出现明显拐点；试件屈服时，内外两侧翼缘板均未屈服（表 3-18）。

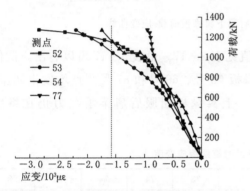

图 3-70　试件 TSSB-1 中段柱内肢内侧翼缘板荷载-应变曲线

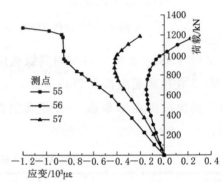

图 3-71　试件 TSSB-1 中段柱内肢外侧翼缘板荷载-应变曲线

表 3-18　　　　　试件 TSSB-1 在 546kN 时翼缘板应变值

测点	52	53	54	77	55	56	57
应变/με	−502	−569	−360	−449	−411	−142	−268

2. 试件 TSSB-2

试件 TSSB-2 中段柱内肢翼缘板应变测点布置如图 3-72 所示。

试件 TSSB-2 中段柱内肢内侧、外侧翼缘板荷载-应变曲线如图 3-73、图 3-74 所示。由图 3-73、图 3-74 可以看出，中段柱内肢内侧翼缘板中部 61 号、62 号和 86 号测点应变在加载初期较为接近，之后加载偏心的影响逐渐变大，应变出现差异，边缘处 63 号测点应变与中部测点差距明显，在荷载为 1200kN 时亦未屈服，而中段柱内肢内侧其余测点已基本进入屈服状态；65 号和 66 号测点应变表明，在试件屈服后，外侧翼缘板逐渐出现卸载，大致在 800kN 处出现明显拐点；试件屈服时，内外两侧翼缘板均未屈服（表 3-19）。

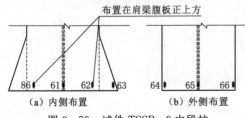

图 3-72　试件 TSSB-2 中段柱内肢翼缘板应变测点布置

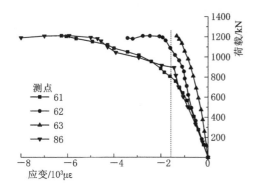

图 3-73　试件 TSSB-2 中段柱内肢内侧
翼缘板荷载-应变曲线

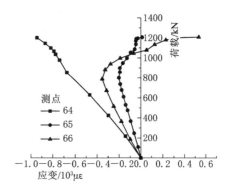

图 3-74　试件 TSSB-2 中段柱内肢外侧
翼缘板荷载-应变曲线

表 3-19　　　　　　　试件 TSSB-2 在 658kN 时翼缘板应变值

测点	61	62	63	86	64	65	66
应变/$\mu\varepsilon$	−1068	−861	−448	−1138	−470	−167	−296

3. 试件 TSSB-3

试件 TSSB-3 中段柱内肢翼缘板应
变测点布置如图 3-75 所示。

试件 TSSB-3 中段柱内肢内侧、外侧
翼缘板荷载-应变曲线如图 3-76、图 3-77
所示。由图 3-76、图 3-77 可以看出，翼
缘板边缘处 63 号测点应变在荷载为 1200kN

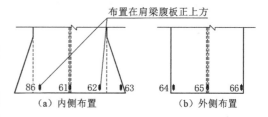

图 3-75　试件 TSSB-3 中段柱
内肢翼缘板应变测点布置

时亦未屈服；外肢侧翼缘板三个测点自试件屈服后均出现拐点，64 号、65 号和 66 号测
点应变的拐点依次为荷载为 870kN、950kN 和 820kN 时，加载后期由受压转为受拉。

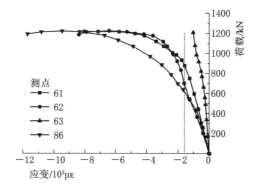

图 3-76　试件 TSSB-3 中段柱内肢内侧
翼缘板荷载-应变曲线

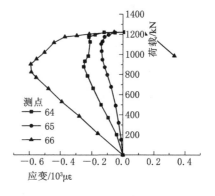

图 3-77　试件 TSSB-3 中段柱内肢外侧
翼缘板荷载-应变曲线

试件 TSSB-3 在 731kN 时翼缘板应变值见表 3-20。由表 3-20 可以看出，62 号和 86 号测点应变均已屈服，在中段柱内肢在向外侧偏移的过程中，下层肩梁内肢侧腹板受力减小，屈服延迟，试件屈服荷载提高，此时对中段柱内肢内侧翼缘板的要求变高，此处有先于下层肩梁内肢侧腹板全截面屈服的风险。

表 3-20　　　　　　　　　试件 TSSB-3 在 731kN 时翼缘板应变值

测点	61	62	63	86	64	65	66
应变/$\mu\varepsilon$	−1217	−1635	−569	−2250	−213	−110	−535

4. 小结

中段柱内肢在试件屈服前，内、外两侧翼缘板均受压，试件屈服后，内侧翼缘板继续受压。近外侧的翼缘板出现卸载的情况，说明构件屈服后，中段柱内肢的弯矩比其轴力对外侧翼缘板的影响更大，多数应变测点在加载后期出现由受压变为受拉。试件在中段柱内肢向外侧偏移的过程中，内侧翼缘板的受力变大，这一现象在三肢试件中表现得很明显，且试件屈服时，内侧翼缘板已经部分屈服。

3.2.3.3　钢管

试件 TSSB-1、试件 TSSB-2 及试件 TSSB-3 斜腹杆规格为 $\phi50\times4$，屈服应变为 $1467\mu\varepsilon$；外肢钢管规格为 $\phi133\times6$，屈服应变为 $1512\mu\varepsilon$；下段柱内肢钢管规格为 $\phi108\times6$，屈服应变为 $1891\mu\varepsilon$。

1. 试件 TSSB-1

试件 TSSB-1 钢管各测点荷载-应变曲线如图 3-78～图 3-81 所示。

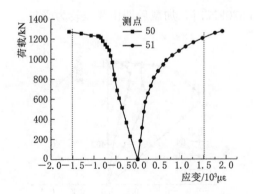

图 3-78　试件 TSSB-1 中段柱外肢钢管荷载-应变曲线

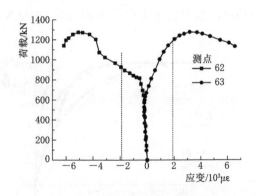

图 3-79　试件 TSSB-1 下段柱内肢钢管荷载-应变曲线

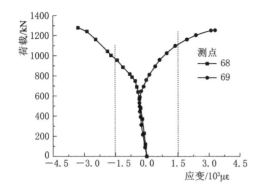

图 3-80 试件 TSSB-1 下段柱外肢钢管
荷载-应变曲线

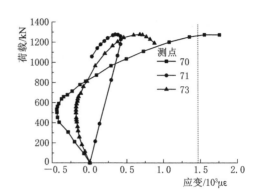

图 3-81 试件 TSSB-1 斜腹杆
荷载-应变曲线

由图 3-78 可以看出，中段柱外肢钢管内侧受压外侧受拉，受压内侧 50 号测点在弹性阶段应变增幅高于受拉外侧 51 号测点，这是由于内侧测点距离上层肩梁较近，在受弯矩的同时还承受来自上层肩梁的轴力作用。在试件屈服时，内外两测点均未屈服（表 3-21）。

由图 3-79 可以看出，下段柱内肢钢管在试件处于弹性阶段时，内（62 号测点）外（63 号测点）两侧均受到压应力。外侧钢管由于靠近肩梁腹板下部，其应变增长明显快于内侧。当荷载达到 530kN 时，外侧 63 号测点的应变开始反向增长。在试件屈服时，内外两侧应变值相近，均未达到屈服状态（表 3-21）。试件屈服后内外两测点的应变增长速率加大，由于弯矩的影响，外侧应变逐渐从受压转为受拉。

由图 3-80 可以看出，下段柱外肢钢管与下段柱内肢钢管受力情况相似。试件处于弹性阶段时，内（68 号测点）外（69 号测点）两侧均受压，但内侧 68 号测点的应变增长小于外侧 69 号测点。由于内侧 68 号测点靠近肩梁，理论上应变增长应快于外侧，出现这种现象的原因可能是 68 号测点应变片的粘贴方向与钢管轴向存在偏差。当荷载达到 536kN 时，外侧 69 号测点的应变开始反向增长。在试件屈服时，内外两侧应变值接近，均未达到屈服状态（表 3-21）。在试件屈服后，内外两测点的应变增长速率加大，外侧逐渐由受压转为受拉。

由图 3-81 可以看出，试件处于弹性阶段时，斜腹杆的 70 号测点与 73 号测点均受压，应变分别在荷载为 533kN 和 537kN 时开始反向增长，并逐渐由受压转为受拉。71 号测点在试件屈服前处于受拉状态，并且应变呈线性增长。在试件屈服时，斜腹杆的应变值均较小，未达到屈服状态（表 3-21）。

表 3-21　　　　　　　　　　试件在 TSSB-1 在 546kN 时钢管应变值

测点	50	51	62	63	68	69	70	71	72	73
应变/$\mu\varepsilon$	−380	165	−206	−219	−335	−343	−483	171	异常	−360

2. 试件 TSSB-2

试件 TSSB-2 钢管各测点荷载-应变曲线如图 3-82~图 3-85 所示。

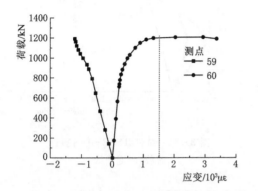

图 3-82　试件 TSSB-2 中段柱外肢钢管荷载-应变曲线

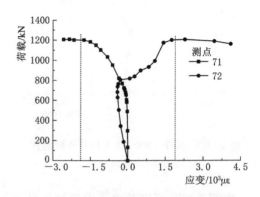

图 3-83　试件 TSSB-2 下段柱内肢钢管荷载-应变曲线

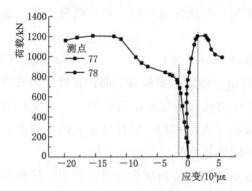

图 3-84　试件 TSSB-2 下段柱外肢钢管荷载-应变曲线

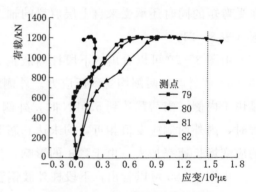

图 3-85　试件 TSSB-2 斜腹杆荷载-应变曲线

由图 3-82 可以看出，试件 TSSB-2 的钢管应变变化规律与试件 TSSB-1 相似，中段柱外肢内侧 59 号测点和外侧 60 号测点的应变为内侧受压、外侧受拉。对比两试件屈服时中段柱外肢应变值可以发现，外侧应变值接近，而内侧应变值试件 TSSB-2 较大，但仍未达到屈服状态（表 3-22）。

由图 3-83 可以看出，试件处于弹性阶段时，下段柱内肢钢管内侧 71 号测点应变值非常小，试件屈服时应变值仅为 $-60\mu\varepsilon$，与外侧 72 号测点的应变值相差较大。外侧 72 号测点在荷载达到 661kN 时应变开始反向增长，逐渐由受压转为受拉。

由图 3-84 可以看出，在试件处于弹性状态时，下段柱外肢钢管内侧 77 号测点和外侧 78 号测点均受压，内侧 77 号测点由于靠近肩梁，其应变增速快于外侧 78 号测点。当荷载达到 579kN 时，外侧 78 号测点应变开始反向增长。在试件屈服时，内外两侧测点仍处于受压状态，内侧受压测点的应变值较大，达到 $-1245\mu\varepsilon$。在试件屈服后，内外两测点的应变增速加大，外侧应变逐渐由受压转为受拉。

由图 3-85 可以看出，试件在弹性状态下，斜腹杆的 79 号测点与 82 号测点均受压，其应变值分别在荷载达到 577kN 和 476kN 时开始反向增长，并且逐渐由受压转为受拉。80 号测点在试件屈服前处于受拉状态，且应变呈线性增长。在试件屈服后，应变增速逐渐减小，并在接近极限荷载时出现反向增长。

试件 TSSB-2 在 658kN 时钢管应变值见表 3-22。由表 3-22 可知，试件屈服时，钢管各测点均未达到屈服状态，其中下段柱外肢外侧和内侧的受压应变值最大。

表 3-22　　　　　　　　　　　　　　试件 TSSB-2 在 658kN 时钢管应变值

测点	59	60	71	72	77	78	79	80	81	82
应变/$\mu\varepsilon$	−534	186	−60	−409	−1245	−254	1	145	220	7

3. 试件 TSSB-3

试件 TSSB-3 钢管各测点荷载-应变曲线如图 3-86～图 3-89 所示。

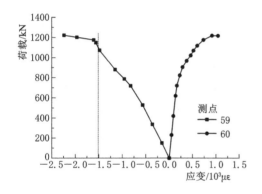

图 3-86　试件 TSSB-3 中段柱外肢钢管
荷载-应变曲线

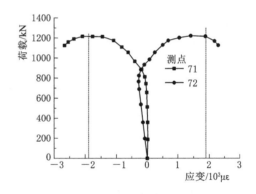

图 3-87　试件 TSSB-3 下段柱内肢钢管
荷载-应变曲线

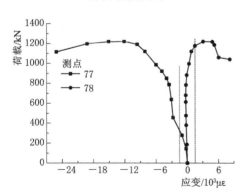

图 3-88　试件 TSSB-3 下段柱外肢钢管
荷载-应变曲线

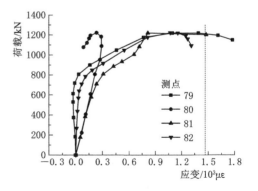

图 3-89　试件 TSSB-3 斜腹杆
荷载-应变曲线

由图 3-86～图 3-89 可以看出，试件 TSSB-3 与试件 TSSB-2 类似，中段柱外肢内侧 59 号测点与外侧 60 号测点的应变符号相反，内侧受压且应变增速较快。在下段柱内肢内侧，71 号测点在加载初期的应变值较小，试件屈服时应变为 $-42\mu\varepsilon$；外侧 72 号测点应变在荷载为 768kN 时开始反向增长，随后应变增速加快，并逐渐由受压转至受拉。下段柱外侧 78 号测点应变在荷载为 695kN 时同样开始反向增长，随着试件的屈服，应变增速进一步加大，逐渐由受压转至受拉。试件屈服时，斜腹杆各测点应变值较小，远未达到屈服状态（表 3-23）。

表 3-23　　　　　　　　　试件 TSSB-3 在 731kN 时钢管应变值

测点	59	60	71	72	77	78	79	80	81	82
应变/$\mu\varepsilon$	−868	198	−42	−269	−3386	−281	1	197	257	86

4. 小结

中段柱外肢钢管受弯矩影响显著，内侧受压外侧受拉。由于内侧测点靠近上层肩梁，在弯矩与上层肩梁传来的轴力共同作用下，其应变增速高于外侧。下段柱内肢钢管与外肢钢管在试件处于弹性阶段时，各肢内外两侧均受压，靠近肩梁腹板下部的测点应变增长较快。在试件屈服时，各肢内外两侧仍处于受压状态，试件屈服后内外侧测点应变值增速加快，外侧逐渐由受压转为受拉。斜腹杆在试件受力的弹性阶段存在受拉和受压测点，但屈服时受力均较小。随着试件的屈服，斜腹杆整体转为受拉状态，受压测点逐渐转为受拉状态。各试件钢管应变最大的测点出现在下段柱外肢内侧。

3.2.3.4　腹板等效应力

各试件在 100kN 荷载时腹板等效应力值见表 3-24～表 3-26。

表 3-24　　　　　　　　试件 TSSB-1 在 100kN 荷载时腹板等效应力值　　　　　　单位：MPa

区域	1	2	3	4	5	6	7	8	9
A	—	—	—	—	—	—	19	—	—
B	—	—	—	—	—	—	—	15	—
C	—	—	—	—	—	—	—	—	20
D	—	—	—	18	7	8	—	—	—
E	40	—	57	—	—	—	30	—	—
F	46	—	46	—	—	—	—	28	—
G	45	—	异常	—	—	—	—	—	25

表 3-25 试件 TSSB-2 在 100kN 荷载时腹板等效应力值 单位：MPa

区域	1	2	3	4	5	6	7	8	9
A	—	—	—	—	—	—	18	—	—
B	—	—	—	—	—	—	—	13	—
C	—	—	—	—	—	—	—	—	17
D	—	—	—	20	5	13	—	—	—
E	32	42	52	—	—	—	32	—	—
F	45	42	41	—	—	—	—	31	—
G	42	39	33	—	—	—	—	—	32

表 3-26 试件 TSSB-3 在 100kN 荷载时腹板等效应力值 单位：MPa

区域	1	2	3	4	5	6	7	8	9
A	—	—	—	—	—	—	17	—	—
B	—	—	—	—	—	—	—	16	—
C	—	—	—	—	—	—	—	—	17
D	—	—	—	18	6	10	—	—	—
E	36	46	53	—	—	—	36	—	—
F	46	49	44	—	—	—	—	36	—
G	50	40	37	—	—	—	—	—	41

通过分析可以看出，三个试件的共同规律为：下层肩梁内肢侧 E1—G3 围区为受力最大处，次之为下层肩梁外肢侧 E7—G9 围区，而中段柱内肢的 D4—D6 围区和上层肩梁的 A7—C9 围区所受的力相对较小。理论分析表明，A7—C9 围区和 E7—G9 围区连线代表了各围区的最高应力，所以可以推断，下层肩梁内肢侧腹板的受力大于中段柱内肢腹板及上层肩梁腹板。具体而言，下层肩梁内肢侧腹板的最大应力沿 G1—E3 围区连线分布，并沿对角线 E1—G3 围区向两侧扩散。

3.3 四肢边柱双层肩梁试验现象及结果分析

3.3.1 试验现象

1. 试件 QSSB-1

试件 QSSB-1 未受荷状态下的形态如图 3-90 所示。在弹性加载阶段，未观察到明显的试验现象，承载力随着竖向位移的增加呈近似线性增长，试件表现出较大的刚度。当荷载从 600kN 增加至 700kN 时，荷载-位移曲线上出现显著拐点，表明下层肩梁内肢侧腹板的各测点基本屈服，此时试件的整体变形较小，加载完成后柱顶竖向位移为 2.38mm。在荷载增加至 700kN 之后，采用柱顶竖向位移控制加载：①当位移增至 4.56mm 时，荷载达到 1000kN，观察到中段柱内肢翼缘板变截面处出现亮黑色起皮条纹（图 3-91），表明该部位已屈服，下层肩梁近内肢侧腹板呈现平行四边形变形，说明此变形是由剪应变引起的；②当位移增至 6.52mm 时，荷载达到 1172kN，下层肩梁内肢侧腹板出现明显的凸曲，试件的整体变形显著增大；③当位移增至 8.49mm 时，荷载达到 1270kN，下层肩梁内肢侧腹板的凸曲更加明显，形成了 3 个显著的屈曲半波，中段柱内肢翼缘板的起皮条纹由腹板向两侧扩展，逐渐贯通，由于中段柱内肢的横向位移，下层肩梁上翼缘板被挤压产生凸曲；④位移增至 10.66mm 时，荷载为 1336kN，下层肩梁内肢侧腹板的凸曲程度加深，承载力增长进一步放缓；⑤当位移增至 16.95mm 时，荷载下降至 1243kN，下层肩梁内肢侧腹板的凸曲程度进一步加深（图 3-92），承载力出现下降。随着位移的继续增加，试件变形进一步加剧，承载力降至极限荷载的 85%，此时试件变形过大（图 3-93），停止加载。

图 3-90　试件
QSSB-1 未受荷

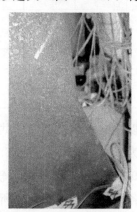

图 3-91　试件 QSSB-1
亮黑色起皮条纹

图 3-92　试件
QSSB-1 腹板凸曲

图 3-93　试件
QSSB-1 最终变形

2. 试件 QSSB - 2

试件 QSSB - 2 在未受荷状态下的形态如图 3 - 94 所示。在弹性加载阶段,未观察到显著的试验现象,承载力随着竖向位移的增加呈近似线性增长,试件表现出较高的刚度。当荷载从 720kN 增加至 840kN 时,荷载-位移曲线出现了明显的拐点,表明下层肩梁内肢侧腹板各测点已基本屈服,此时试件整体变形较小,加载完成后柱顶竖向位移为 3.25mm。在荷载达到 840kN 后,加载方式转为柱顶竖向位移控制:①当位移增至 5.45mm 时,荷载达到 1081kN,下层肩梁近内肢侧腹板出现凸曲 (图 3 - 95),同时中段柱内肢翼缘板观察到起皮条纹 (图 3 - 96),表明该部位已屈服;②随着位移增至 7.5mm,荷载增加至 1230kN,中段柱内肢翼缘板上的起皮条纹加密,下层肩梁明显下沉,且内肢侧腹板凸曲显著,形成了 3 个明显的屈曲半波,试件整体变形显著;③当位移增至 10.93mm 时,荷载达到 1270kN,下层肩梁腹板的凸曲程度加深,承载力增长进一步放缓,由于中段柱内肢的横向位移,下层肩梁上翼缘板受到挤压并产生凸曲;④当位移增至 13.34mm 时,荷载下降至 1230kN,下层肩梁内肢侧腹板的凸曲程度进一步加深,承载力出现下降。随着位移的进一步增加,试件变形持续加剧,最终承载力下降至极限荷载的 85%,此时试件变形过大 (图 3 - 97),加载被终止。

图 3 - 94 试件 QSSB - 2 未受荷   图 3 - 95 试件 QSSB - 2 腹板凸曲

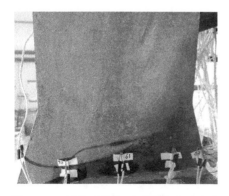

图 3 - 96 试件 QSSB - 2 亮黑色起皮条纹   图 3 - 97 试件 QSSB - 2 最终变形

3. 试件 QSSB-3

试件 QSSB-3 在未受荷状态下的形态如图 3-98 所示。在弹性加载阶段，未观察到显著的试验现象，承载力随着竖向位移的增加呈现出近似线性的增长，表明试件具有较高的刚度。当荷载从 700kN 增加至 840kN 时，荷载-位移曲线出现了显著拐点，指示下层肩梁内肢侧腹板各测点已基本屈服，此时试件整体变形较小，加载完成后柱顶竖向位移为 3.15mm。在荷载增加至 840kN 之后，加载方式转为柱顶竖向位移控制：①当位移增至 5.24mm 时，荷载达到 1055kN，受剪应变的影响，下层肩梁内肢侧腹板变形为平行四边形，与此同时，中段柱内肢翼缘板的变截面处出现起皮条纹，表明该部位已屈服；②随着位移增至 7.28mm，荷载增加至 1261kN，中段柱内肢翼缘板的起皮条纹进一步加密（图 3-99），下层肩梁内肢侧腹板出现轻微的凸曲；③当位移增至 9.28mm 时，荷载达到 1341kN，下层肩梁近内肢侧腹板凸曲现象明显加剧（图 3-100），同时下层肩梁明显下沉，由于中段柱内肢的横向变形，下层肩梁上翼缘板受到挤压而产生凸曲；④当位移增至 12.07mm 时，荷载达到 1354kN，下层肩梁内肢侧腹板的凸曲程度进一步加深，并在加载过程中达到极限承载力，加载完成后承载力略有下降；⑤随着位移增至 14.58mm，荷载降至 1252kN，下层肩梁内肢侧腹板的凸曲程度加剧，导致承载力大幅下降。此后，随着位移的继续增加，试件变形进一步加剧，最终承载力下降至极限荷载的 85%，此时试件变形过大（图 3-101），停止加载。

图 3-98　试件 QSSB-3 未受荷　　　图 3-99　试件 QSSB-3 亮黑色起皮条纹

3.3.2　荷载-位移曲线

荷载-位移曲线及与之相应的荷载-等效应变曲线如图 3-102～图 3-107 所示。

从荷载-位移曲线可以看出,下层肩梁内肢侧腹板屈服所推导出的屈服荷载能够较好地反映实际情况。

图 3-100 试件 QSSB-3 腹板凸曲翼缘板变形

图 3-101 试件 QSSB-3 最终变形

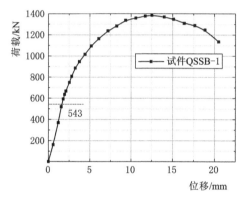

图 3-102 试件 QSSB-1
荷载-等效位移曲线

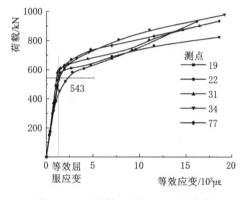

图 3-103 试件 QSSB-1 下层肩梁
内肢侧腹板测点荷载-等效应变曲线

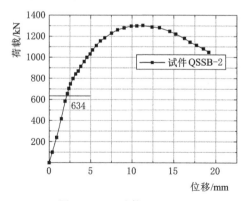

图 3-104 试件 QSSB-2
荷载-等效位移曲线

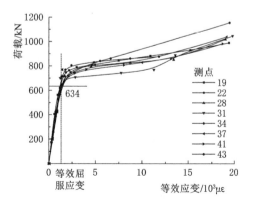

图 3-105 试件 QSSB-2 下层肩梁
内肢侧腹板测点荷载-等效应变曲线

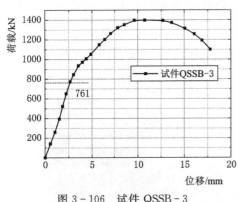

图 3-106　试件 QSSB-3
荷载-等效位移曲线

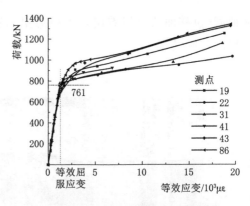

图 3-107　试件 QSSB-3 下层肩梁
内肢侧腹板测点荷载-等效应变曲线

根据试件 QSSB-1 的测试结果,下层肩梁内肢侧腹板角部 19 号应变测点显示,其屈服对应的荷载为 543kN (图 3-103);对于试件 QSSB-2,下层肩梁内肢侧腹板角部 19 号应变测点显示,其屈服对应的荷载为 625kN (图 3-105);而试件 TSSB-3 的测试结果表明,下层肩梁内肢侧腹板 22 号应变测点在屈服时对应的荷载为 735kN (图 3-106)。

四肢边柱试件承载力结果及破坏模式见表 3-27。由表 3-27 可见,在中段柱内肢向外侧偏移的过程中,构件的屈服荷载有所提高,而极限荷载差异不大。对比双肢边柱试件的屈服荷载,除了试件 DSSB-1 以外,试件 TSSB-2 和试件 TSSB-3 的屈服荷载分别为试件 DSSB-2 和试件 DSSB-3 的 1.89 倍和 1.88 倍,约为单腹板肩梁屈服荷载的 2 倍。进一步比较三肢、四肢边柱试件的屈服荷载,试件 QSSB-1、试件 QSSB-2 和试件 QSSB-3 的屈服荷载分别为试件 TSSB-1、试件 TSSB-2 和试件 TSSB-3 的 0.99 倍、0.95 倍和 1 倍,表明双腹板三肢试件与四肢试件的屈服荷载基本一致。

表 3-27　　　　　　　　　四肢边柱试件承载力结果及破坏模式

试件编号	屈服荷载点		极限荷载点		破坏模式
	Δ_y/mm	P_y/kN	Δ_u/mm	P_u/kN	
QSSB-1	1.67	543	12.50	1385	
QSSB-2	2.13	625	11.29	1303	腹板剪切型屈曲
QSSB-3	2.53	735	10.73	1398	

3.3.3　关键部位应力及应变分析

3.3.3.1　下层肩梁翼缘板

试件 QSSB-1、试件 QSSB-2 及试件 QSSB-3 翼缘板厚度均为 6mm,屈服应变为 1456με。

1. 试件 QSSB-1

试件 QSSB-1 下层肩梁翼缘板应变测点布置如图 3-108 所示。

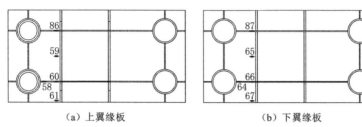

（a）上翼缘板　　　　　（b）下翼缘板

图 3-108　试件 QSSB-1 下层肩梁翼缘板应变测点布置

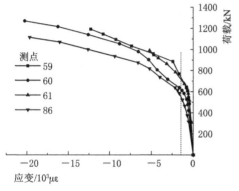

图 3-109　试件 QSSB-1 下层肩梁上翼缘板中段柱内肢测点荷载-应变曲线

试件 QSSB-1 下层肩梁上、下翼缘板荷载-应变曲线如图 3-109、图 3-110 所示。由图 3-109 和图 3-110 可以看出，64 号测点位于下翼缘板近下段柱内肢侧，在荷载达到 200kN 之前，该测点的应变几乎没有变化，此后应变缓慢增长。当试件屈服时，应变值仅为 $-255\mu\varepsilon$。其他各测点在荷载初期应变基本呈线性增长，待试件屈服后，应变增速明显加快。试件屈服时，仅上翼缘板 86 号应变测点进入屈服状态（表 3-28），而位于腹板上部的 60 号测点应变值为 $-944\mu\varepsilon$，两者差别较大，可能与加载偏心或试件加工缺陷有关。

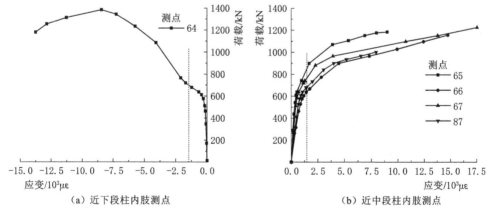

（a）近下段柱内肢测点　　　　　（b）近中段柱内肢测点

图 3-110　试件 QSSB-1 下层肩梁下翼缘板荷载-应变曲线

表 3-28　　　　　　试件 QSSB-1 在 543kN 时翼缘板应变值

测点	58	59	60	61	86	64	65	66	67	87
应变/$\mu\varepsilon$	异常	-555	-944	-1498	-255	361	955	490	738	

2. 试件 QSSB-2

试件 QSSB-2 下层肩梁翼缘板应变测点布置如图 3-111 所示。

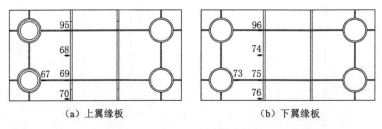

（a）上翼缘板　　　　　　　　　（b）下翼缘板

图 3-111　试件 QSSB-2 下层肩梁翼缘板应变测点布置

试件 QSSB-2 下层肩梁上、下翼缘板荷载-应变曲线如图 3-112、图 3-113 所示。由图 3-112 和图 3-113 可以看出，67 号测点位于上翼缘板近下段柱内肢侧，在荷载达到 200kN 之前，应变几乎没有变化，此后随着荷载的增加呈近似线性增长。试件屈服后，应变增速加快。由于剪应变的影响，上翼缘板位于肩梁两块腹板上部的 95 号和 69 号测点应变值普遍高于位于其他位置的 68 号和 70 号测点的。下翼缘板对应位置也呈现出相同的规律，因此可以将四肢双腹板肩梁视为两个双肢单腹板肩梁，其中 68 号和 70 号测点相当于工字钢翼缘板的边缘位置。

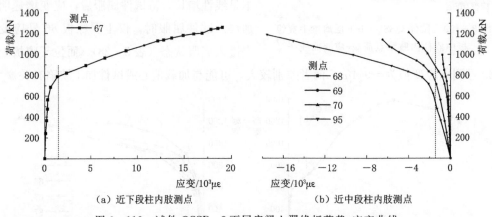

（a）近下段柱内肢测点　　　　　　　　　（b）近中段柱内肢测点

图 3-112　试件 QSSB-2 下层肩梁上翼缘板荷载-应变曲线

试件 QSSB-2 在 625kN 时翼缘板应变值见表 3-29。由表 3-29 可知，试件 QSSB-2 屈服时，上翼缘板 95 号测点显示该处以进入屈服状态，上翼缘板近中段柱内肢其他测点均未屈服。

表 3-29　　　　　　　　　　试件 QSSB-2 在 625kN 时翼缘板应变值

测点	67	68	69	70	95	73	74	75	76	96
应变/$\mu\varepsilon$	497	-242	-1149	-399	-1702	-359	419	1353	599	743

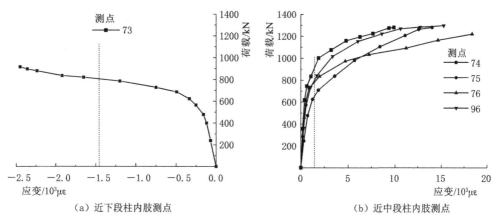

（a）近下段柱内肢测点　　　　　　　　（b）近中段柱内肢测点

图 3-113　试件 QSSB-2 下层肩梁下翼缘板荷载-应变曲线

3. 试件 QSSB-3

试件 QSSB-3 下层肩梁翼缘板应变测点布置如图 3-114 所示。

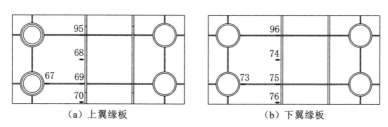

（a）上翼缘板　　　　　　　　　　（b）下翼缘板

图 3-114　试件 QSSB-3 下层肩梁翼缘应变测点布置

试件 QSSB-3 下层肩梁上、下翼缘板荷载-应变曲线如图 3-115、图 3-116 所示。由图 3-115 和图 3-116 可以看出，73 号测点位于下翼缘近下段柱内肢侧，在荷载作用初期一直持续到 600kN 时，该测点受拉，此后转为受压。其他测点在试件处于弹性阶段时应变均呈线性增长。

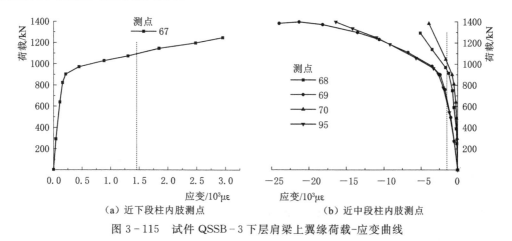

（a）近下段柱内肢测点　　　　　　　（b）近中段柱内肢测点

图 3-115　试件 QSSB-3 下层肩梁上翼缘荷载-应变曲线

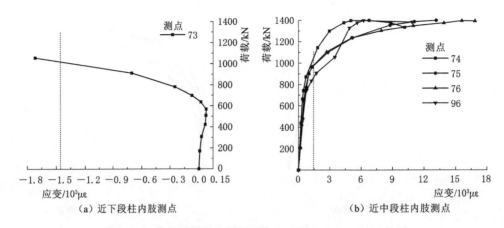

（a）近下段柱内肢测点 （b）近中段柱内肢测点

图 3-116 试件 QSSB-3 下层肩梁下翼缘板荷载-应变曲线

试件 QSSB-3 在 735kN 时翼缘板应变值见表 3-30。由表 3-30 可知，当试件屈服时，位于腹板上部的 69 号和 95 号测点均进入屈服状态，而由于剪力滞后的影响，上翼缘板近中段柱内肢的其他测点尚未屈服。同截面的下翼缘板也未屈服，并且其与上翼缘板的应变差异较大，表明挤压应力对上翼缘板的影响较为显著。

表 3-30 试件 QSSB-3 在 735kN 时翼缘板应变值

测点	67	68	69	70	95	73	74	75	76	96
应变/$\mu\varepsilon$	134	−690	−1650	−367	−1784	−164	466	686	631	783

4. 小结

在试件的弹性阶段，各测点的应变值较小且呈线性增长状态。当试件屈服后，未屈服测点的应变值迅速增加并很快进入屈服状态。腹板上、下翼缘板的应变值普遍高于同截面其他测点，显示出剪力滞后的影响。对比三个试件，在中段柱内肢向外侧偏移的过程中，试件屈服时上翼缘板的应变值增大。对于中段柱内肢位移最显著的试件 QSSB-2 和外偏最大的试件 QSSB-3，在屈服时腹板上部的翼缘已经屈服。近中段柱内肢的上翼缘板应变值大于下翼缘板，说明挤压应力对上翼缘板的影响更为显著。

3.3.3.2 中段柱内肢翼缘板

试件 QSSB-1、试件 QSSB-2 及试件 QSSB-3 中段柱内肢翼缘板厚度均为 8mm，屈服应变为 $1434\mu\varepsilon$。

1. 试件 QSSB-1

试件 QSSB-1 中段柱内肢翼缘板应变测点布置如图 3-117 所示。

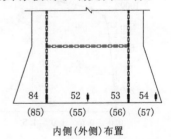

内侧（外侧）布置

图 3-117 试件 QSSB-1 中段柱内肢翼缘板应变测点布置

试件 QSSB-1 中段柱内肢内侧、外侧翼缘板荷载-应变曲线如图 3-118、图 3-119 所示。由图 3-118 和图 3-119 可以看出，位于中段柱内肢内侧翼缘板的 84 号应变测点与 53 号应变测点的应变值接近，且为中段柱内肢翼缘板中应变最大的部位。在试件屈服前后，两侧测点的应变增幅没有显著变化，表明试件屈服时这些测点尚未达到屈服状态（表 3-31）。与外侧翼缘板相比，内侧应变值较大，这主要是由于竖向荷载作用下，中段柱内肢产生的弯矩导致内侧翼缘板受压、外侧翼缘板受拉，且与中段柱内肢的轴向压力共同作用，使得在试件屈服前内侧应变值较大。试件屈服后，内侧翼缘板各测点的应变出现反向增长，55 号、56 号、57 号测点逐渐由受压转为受拉。位于内外翼缘板边缘处的 54 号测点和 57 号测点的应力值显著小于中部测点。

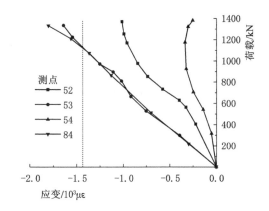 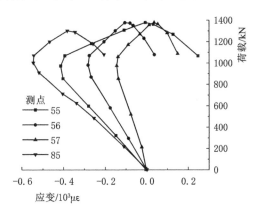

图 3-118　试件 QSSB-1 中段柱内肢内侧翼缘板荷载-应变曲线　　　图 3-119　试件 QSSB-1 中段柱内肢外侧翼缘板荷载-应变曲线

表 3-31　　　　试件 QSSB-1 在 543kN 时翼缘板应变值

测点	52	53	54	84	55	56	57	85
应变/με	−316	−773	−141	−739	−256	−166	−80	−293

2. 试件 QSSB-2

试件 QSSB-2 中段柱内肢翼缘板应变测点布置如图 3-120 所示。

试件 QSSB-2 中段柱内肢内侧、外侧翼缘板荷载-应变曲线如图 3-121、图 3-122 所示。由图 3-121 和图 3-122 可以看出，试件 QSSB-2 中段柱内肢外侧翼缘板各测点的应变值在试件处于弹性状态时近似线性增长，其中 62 号测点的应变值最大，但在试件屈服时该测点尚未达到屈服状态（表 3-32）。试件屈服后，内侧测点的应

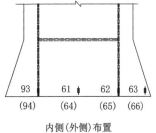

内侧(外侧)布置

图 3-120　试件 QSSB-2 中段柱内肢翼缘板应变测点布置

变增速加快，外侧翼缘板则出现反向增长，64 号、66 号、94 号测点逐渐由受压转为受拉。与试件 QSSB‑1 相同，试件 QSSB‑2 中段柱内肢内侧翼缘板的受力大于外侧翼缘板。

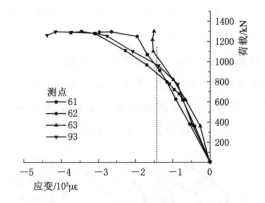

图 3‑121　试件 QSSB‑2 中段
柱内肢内侧翼缘板荷载‑应变曲线

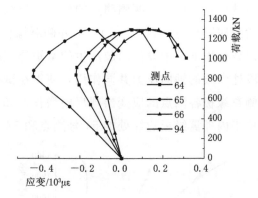

图 3‑122　试件 QSSB‑2 中段
柱内肢外侧翼缘板荷载‑应变曲线

表 3‑32　　　　　　　　　试件 QSSB‑2 在 625kN 时翼缘板应变值

测点	61	62	63	93	64	65	66	94
应变/με	−817	−933	−674	−729	−172	−306	−66	−152

3. 试件 QSSB‑3

试件 QSSB‑3 中段柱内肢翼缘板应变测点布置如图 3‑123 所示。

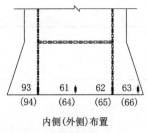

内侧（外侧）布置

图 3‑123　试件 QSSB‑3
中段柱内肢翼缘板
应变测点布置

试件 QSSB‑3 中段柱内肢内侧、外侧翼缘板荷载‑应变曲线如图 3‑124、图 3‑125 所示。由图 3‑124 和图 3‑125 可以看出，试件 QSSB‑3 中段柱内肢内侧翼缘板的应变变化规律与试件 QSSB‑2 类似，最大应变出现在 61 号测点，然而在试件屈服时该测点仍未屈服（表 3‑33）。外侧的 64 号、65 号、94 号测点应变分别在荷载为 753kN、615kN、752kN 时开始出现反向增长，大约在荷载增长至 1000kN 后，应变增长方向再次发生变化，66 号测点在应变增长方向改变后，逐渐由受压转为受拉。63 号、66 号测点位于内外翼缘板边缘处，其应力值显著小于中部测点。

表 3‑33　　　　　　　　　试件 QSSB‑3 在 735kN 时翼缘板应变值

测点	61	62	63	93	64	65	66	94
应变/με	−1025	−766	−507	−876	−339	−186	−85	−349

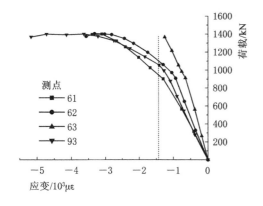

图 3-124　试件 QSSB-3 中段柱内
肢内侧翼缘板荷载-应变曲线

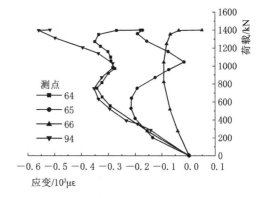

图 3-125　试件 QSSB-3 中段柱内
肢外侧翼缘板荷载-应变曲线

4. 小结

在试件的弹性阶段，中段柱内肢内外两侧翼缘板均处于受压状态，由于弯矩和轴力的共同作用，内侧翼缘板承受的应力较大。外侧翼缘板通常在试件屈服后会出现卸载现象，应力减小并逐渐由受压转为受拉，表明弯矩对外侧翼缘板的影响超过了轴力。此外，中段柱内肢翼缘板在肩梁处截面增大，边缘处的受力小于中部。

3.3.3.3　钢管

试件 QSSB-1、试件 QSSB-2 及试件 QSSB-3 斜腹杆规格为 $\phi50\times4$，屈服应变为 $1467\mu\varepsilon$；其余钢管规格为 $\phi108\times6$，屈服应变为 $1891\mu\varepsilon$。

1. 试件 QSSB-1

试件 QSSB-1 钢管各测点荷载-应变曲线如图 3-126～图 3-129 所示。

由图 3-126 可以看出，位于中段柱外肢内侧的 51 号应变测点在弹性阶段受压，应变增速快于外侧的 50 号受拉应变测点。这是因为内侧测点距离上层肩梁较近，受弯矩和上层肩梁传递的轴力共同作用。试件屈服时，内外两测点均未达到屈服（表 3-34）。

由图 3-127 可以看出，试件在弹性阶段时，下段柱内肢钢管内侧 62 号测点和外侧 63 号测点均处于受压状态，靠近肩梁腹板下部的外侧钢管应变增长明显快于内侧。外侧 63 号测点在荷载达到 608kN 时开始反向增长。试件屈服时，内外两侧均未达到屈服（表 3-34）。屈服后，内外两测点的应变增速加快，受弯矩的影响，外侧逐渐由受压转为受拉。

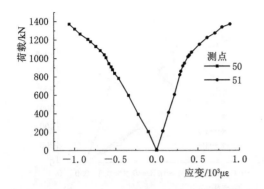

图 3-126 试件 QSSB-1 中段柱外肢钢管
荷载-应变曲线

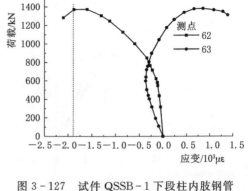

图 3-127 试件 QSSB-1 下段柱内肢钢管
荷载-应变曲线

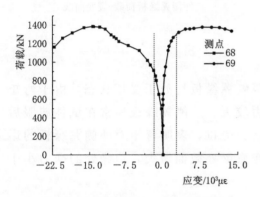

图 3-128 试件 QSSB-1 下段柱外肢钢管
荷载-应变曲线

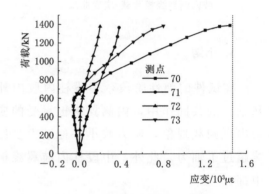

图 3-129 试件 QSSB-1 斜腹杆
荷载-应变曲线

由图 3-128 可以看出，在试件处于弹性阶段时，下段柱外肢钢管的内侧 68 号测点和外侧 69 号测点均受压。由于内侧 68 号测点靠近肩梁，其应变增速快于外侧 69 号测点。外侧 69 号测点在 527kN 时开始反向增长。试件屈服时，内外两侧仍处于受压状态，且二者应变值差异显著，内侧应变为 $-661\mu\varepsilon$，外侧仅为 $-96\mu\varepsilon$（表 3-34）。屈服后，内外两测点的应变增速加大，外侧测点逐渐由受压转为受拉。

由图 3-129 可以看出，在试件处于弹性阶段时，斜腹杆的 70 号测点和 73 号测点应变增幅接近，均处于受压状态。这两个测点的应变分别在荷载为 492kN 和 528kN 时开始反向增长，并逐渐由受压转为受拉。71 号和 72 号测点则处于受拉状态，其中 71 号测点在试件屈服前后应变增速变化不大。斜腹杆各测点在试件屈服时的应变值均较小，未达到屈服（表 3-34）。

表 3-34　　　　　　　　　　试件 QSSB-1 在 543kN 时钢管应变值

测点	50	51	62	63	68	69	70	71	72	73
应变/$\mu\varepsilon$	−310	190	−108	−342	−661	−96	−52	117	27	−47

2. 试件 QSSB-2

试件 QSSB-2 钢管各测点荷载-应变曲线如图 3-130～图 3-133 所示。

由图 3-130～图 3-133 可以看出，试件 QSSB-2 的应变增长规律与试件 QSSB-1 相似。试件屈服时，各测点均未达到屈服状态（表 3-35）。下段柱内肢外侧 72 号测点、下段柱外肢外侧 78 号测点、斜腹杆 79 号和 82 号测点分别在荷载达到 618kN、598kN、626kN 和 595kN 时开始反向增长。试件屈服后，应变增速加大，并逐渐由受压转为受拉。钢管应变最大的部位出现在下段柱外肢外侧的 77 号测点，其屈服应变接近次大应变值的 2 倍。

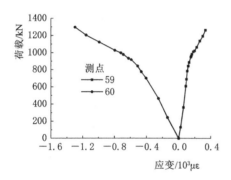

图 3-130 试件 QSSB-2 中段柱外肢钢管荷载-应变曲线

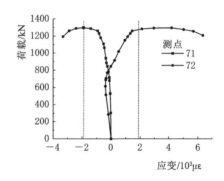

图 3-131 试件 QSSB-2 下段柱内肢钢管荷载-应变曲线

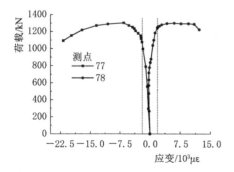

图 3-132 试件 QSSB-2 下段柱外肢钢管荷载-应变曲线

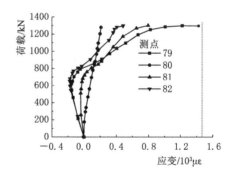

图 3-133 试件 QSSB-2 斜腹杆荷载-应变曲线

表 3-35　　　　　　　　　试件 QSSB-2 在 625kN 时钢管应变值

测点	59	60	71	72	77	78	79	80	81	82
应变/$\mu\varepsilon$	−355	92	−89	−381	−730	−250	−137	83	−23	−170

3. 试件 QSSB-3

试件 QSSB-3 钢管各测点荷载-应变曲线如图 3-134～图 3-137 所示。

由图 3-134～图 3-137 可以看出，试件 QSSB-3 的应变增长规律与试件 QSSB-1 和试件 QSSB-2 相似。试件屈服时，各测点均未达到屈服状态（表 3-36）。下段柱内肢外侧 72 号测点和下段柱外肢外侧 78 号测点分别在荷载达到 772kN 和 750kN 时开始反向增长，这些荷载值与试件的屈服荷载非常接近。试件屈服后，应变增速加大，并逐渐由受压转为受拉。试件 QSSB-3 钢管应变最大部位与试件 QSSB-1 和试件 QSSB-2 相同，均出现在下段柱外肢外侧的 77 号测点，且其屈服应变接近次大部位应变值的 2 倍。

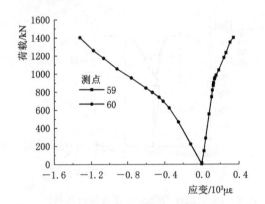

图 3-134　试件 QSSB-3 中段柱外肢钢管
荷载-应变曲线

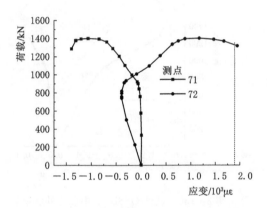

图 3-135　试件 QSSB-3 下段柱内肢钢管
荷载-应变曲线

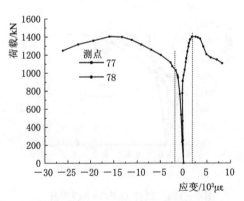

图 3-136　试件 QSSB-3 下段柱外肢钢管
荷载-应变曲线

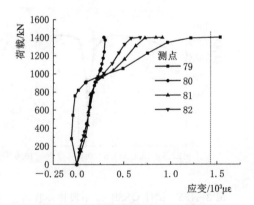

图 3-137　试件 QSSB-3 斜腹杆
荷载-应变曲线

表 3-36　　　　　　　　试件 QSSB-3 在 735kN 时钢管应变值

测点	59	60	71	72	77	78	79	80	81	82
应变/$\mu\varepsilon$	−460	103	−19	−386	−794	−280	−22	160	139	148

4. 小结

中段柱外肢钢管受弯矩的影响较大，内侧受压，外侧受拉。由于内侧测点靠近上层肩梁，受弯矩和上层肩梁传递的轴力共同作用，其应变增速高于外侧。下段柱内肢钢管在试件处于弹性阶段时，内外两侧均受压，但外侧钢管靠近肩梁腹板下部，应变增长明显快于内侧，受弯矩的影响，外侧逐渐由受压转为受拉。下段柱外肢钢管在弹性阶段时内外两侧均受压，但内侧测点靠近肩梁，应变增速快于外侧测点。试件屈服时，内外两侧仍处于受压状态。屈服后，内外两测点的应变增速加大，外侧逐渐由受压转为受拉。斜腹杆在弹性阶段时，各测点应变值较小，受拉和受压状态同时存在。随着试件屈服，斜腹杆整体逐渐转为受拉，原受压测点也逐渐转为受拉。

3.3.3.4 腹板等效应力

各试件在 100kN 荷载时腹板等效应力值见表 3-37～表 3-39。由表 3-37～表 3-39 可知，四肢柱试件各构件腹板的应力分布规律与双肢柱和三肢柱试件基本一致。首先在竖向荷载作用下，下层肩梁内肢侧腹板（E1—G3 围区）承受的应力最大；其次是下层肩梁外肢侧腹板（E7—G9 围区），其余部位的应力值均低于下层肩梁。中段柱内肢腹板 D4 测点的应力大于 D5 和 D6 测点的应力，这是由于该部位受弯矩及轴力的共同作用导致的。在中段柱内肢向外侧偏移的过程中，上层肩梁腹板的应力值整体呈现出增大趋势，表明上层肩梁承受的荷载有所增加。

表 3-37　　　　　　　**试件 QSSB-1 在 100kN 荷载时腹板等效应力值**　　　　　单位：MPa

区域	1	2	3	4	5	6	7	8	9
A	—	—	—	—	—	—	7	—	—
B	—	—	—	—	—	—	—	7	—
C	—	—	—	—	—	—	—	—	10
D	—	—	—	22	7	8	—	—	—
E	52	—	58	—	—	—	27	—	—
F	55	—	51	—	—	—	—	26	—
G	51	—	49	—	—	—	—	—	25

表 3-38　　　　　　　**试件 QSSB-2 在 100kN 荷载时腹板等效应力值**　　　　　单位：MPa

区域	1	2	3	4	5	6	7	8	9
A	—	—	—	—	—	—	15	—	—
B	—	—	—	—	—	—	—	10	—
C	—	—	—	—	—	—	—	—	14
D	—	—	—	22	11	13	—	—	—
E	35	44	50	—	—	—	36	—	—

区域	1	2	3	4	5	6	7	8	9
F	46	46	42	—	—	—	—	38	—
G	49	43	37	—	—	—	—	—	43

表 3 - 39   **试件 QSSB - 3 在 100kN 荷载时腹板等效应力值**   单位：MPa

区域	1	2	3	4	5	6	7	8	9
A	—	—	—	—	—	—	21	—	—
B	—	—	—	—	—	—	—	14	—
C	—	—	—	—	—	—	—	—	15
D	—	—	—	19	9	13	—	—	—
E	35	38	43	—	—	—	—	34	—
F	43	43	40	—	—	—	—	34	—
G	47	39	38	—	—	—	—	—	异常

3.4 双肢中柱双层肩梁试验现象及结果分析

3.4.1 试验现象

双肢中柱双层肩梁试件编号为 DMJL - 1、DMJL - 2。

以试件 DMJL - 1 为例。在竖向荷载施加后，由于试件的刚度大，试件外观无明显变化，上层肩梁腹板应变远小于下层肩梁应变，下层肩梁腹板应变花 45°方向应变增长明显快于其他两个方向，沿腹板对角线应变增长速度快于腹板其他部位。在水平荷载增加的过程中，当试件处于弹性阶段时，试件柱顶水平位移增加缓慢，当柱顶水平位移为 7.5mm 时，荷载-位移曲线出现明显拐点，进入弹塑性阶段。在此之后，加载模式变为由位移控制，荷载增速减缓，柱顶位移在 27mm 左右时，下层肩梁翼缘板出现轻微的下沉，并且中段柱内肢翼缘板开始出现起皮条纹，如图 3-138（a）所示；继续加载直至柱顶水平位移达到 35mm 时，试件出现"砰砰"的响声，原因是水平荷载过大，柱底及基础梁发生微小位移，此时应立即暂停试验并于拧紧螺栓后继续加载；当中段柱内肢屈服后，柱右侧翼缘板钢材表面起皮逐渐加长加多；随着继续加载至水平荷载为 120kN 时，下层肩梁受压区格腹板沿对角线开始发生面外屈曲；当柱顶水平位移为 40~45mm 时，承载力不再增加，约为 120kN，并且下降趋势缓慢；当柱顶水平位移达到 59mm 时，斜腹杆出现了多条环向起皮条纹，自下而上扩展，并有一定间距，如图 3-138（b）所示；当柱顶水平位移达到 75mm 左右时，竖向千斤顶失去转动能力，中段柱内肢严重倾斜，试验结束。下层肩梁腹板面外屈曲如图 3-138（c）所示，试件整体破坏如图 3-138（d）所示。

试件 DMJL - 2 破坏过程与试件 DMJL - 1 相似，由于其下层肩梁高度降低，极限

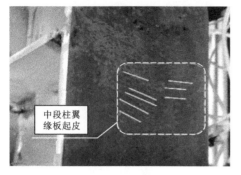

（a）中段柱翼缘板起皮

（b）斜腹杆表面起皮

（c）下层肩梁屈曲带

（d）试件整体破坏

图 3-138　试件 DMJL-1 试验破坏现象

承载力约为 108kN，约为试件 DMJL-1 极限承载力的 90%，说明下层肩梁高度对试件受力性能影响较大。

3.4.2　荷载-位移曲线

取试件加载点水平荷载及水平位移，绘制荷载-位移曲线，如图 3-139 所示。两个试件初始刚度大致相同，如前文所述，试件 DMJL-2 由于下层肩梁高度较低，所以先进入弹塑性阶段；在弹塑性阶段，由于下层肩梁腹板钢材被充分利用，所以试件承载力会有大幅度的上升，两个试件的下层肩梁腹板发生面外屈曲时，承载力继续上升；当加载后期，屈曲带达到极限抗拉强度，试件严重倾斜，试件承载力缓慢下降。总体来看，两个试件延性均较好。

利用荷载-位移曲线，依照《建筑抗震试验方法规程》（JCJ 101—1996）采用通用屈服弯矩法（图 3-140）确定试件的特征位移及特征荷载，试验结果见表 3-40。

由表 3-40 可知，试件 DMJL-2 较试件 DMJL-1 屈服荷载低 12.2%，极限荷载降低 3.0%，最大位移降低 18.2%，说明随着试件下层肩梁的增大，试件的受力性能变好。

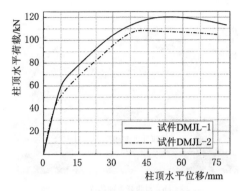

图3-139　试件DMJL-1和试件
DMJL-2荷载-位移曲线

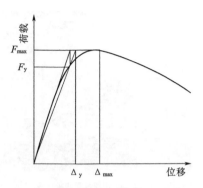

图3-140　通用屈服弯矩法示意

表3-40　　　　　　　　试件 DMJL-1 和试件 DMJL-2 试验结果

试件编号	屈服荷载/kN	屈服位移/mm	极限荷载/kN	最大位移/mm
DMJL-1	90.0	22.50	121.5	52.00
DMJL-2	79.0	22.00	118.0	42.50

3.4.3　关键部位应变分析

3.4.3.1　下层肩梁腹板

选取试件 DMJL-1 在水平荷载分别为 0kN、60kN、90kN 时腹板主应变的试验结果,这三级荷载分别代表肩梁竖向荷载加载完成时刻、腹板角部屈服时刻和试件屈服时刻。试件 DMJL-1 腹板主应变如图 3-141 所示。

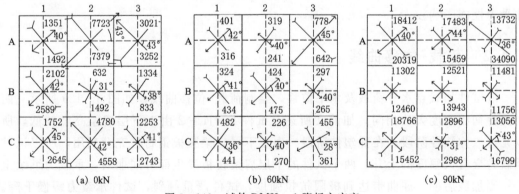

(a) 0kN　　　　　　(b) 60kN　　　　　　(c) 90kN

图3-141　试件 DMJL-1 腹板主应变

(1) 竖向荷载加载完后,下层肩梁完全处于弹性阶段,腹板角部区域由于多块板材在此交汇,所以数值大于其他区域。从应变变化规律看,腹板 A3、B2、C1 处应变较大并形成一条带状区域,远离此区域应变逐渐降低,大多数测点主应变与水平方向成 35°~45°夹角。

（2）当水平荷载加至 60kN 时，荷载-位移曲线出现明显拐点，腹板角部区域已经先进入屈服，各测点应变发展充分，腹板塑性区正在形成，从数值上看，A2、C2 角部区域应变增长最快。

（3）当水平荷载加至 120kN 时，腹板全截面都已经屈服，C2 处应变花已脱落，4 个角部应变分布复杂，大于其他区域，但由于翼缘板的约束作用，并没有向中间发展，各测点主应变夹角略有增大。

从荷载-位移曲线可知，试件在 60kN 出现拐点，90kN 时为试件屈服荷载，因此选取 0kN、30kN、60kN、70kN、80kN、90kN 荷载级下 3—3 截面腹板应变（图 3-142）做分析。

3—3 截面腹板应变如图 3-143 所示。由图 3-143（a）可知，由于试件的缩尺效应，应变

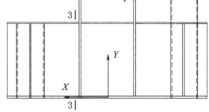

图 3-142 下层肩梁截面位置

花不可避免地布置在焊缝的热影响区内；由于焊接残余应力的影响，在水平荷载作用下腹板 3—3 截面上部受拉下部受压，随着水平荷载增大，反弯点向腹板下部移动，应变分布随截面高度变化增大。由图 3-143（b）可知，腹板 3—3 截面切应变在各级荷载下空间分布呈现两边大中间小的规律，主要是由于焊接残余应力和角部应力集中的影响。从腹板应变数值上看，切应变在各级荷载下均起到主导作用。

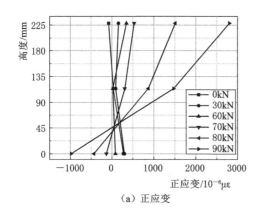

（a）正应变

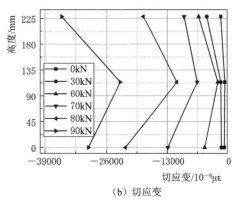

（b）切应变

图 3-143 3—3 截面腹板应变

3.4.3.2 下层肩梁翼缘板

与中段柱内肢连接处的肩梁翼缘板是受力关键部位，因此有必要研究此处应变分布。选取 3—3 截面翼缘板处应变片数据，得到各荷载级下的下层肩梁翼缘应变，如图 3-144 所示。

由图 3-144 可知，下层肩梁上、下翼缘板应变分布呈中间大两边小的规律，翼缘板两侧应变大致对称，存在应变集中的现象；当荷载超过 60kN 后，翼缘板进入屈

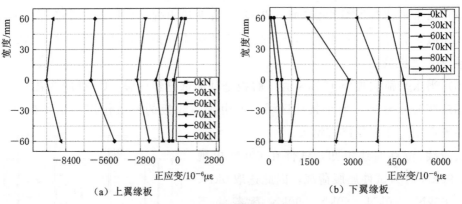

（a）上翼缘板　　　　　　　　　　　　　（b）下翼缘板

图 3-144　下层肩梁翼缘板应变

服，应变增幅加快，当水平荷载超过 70kN 后，由于荷载出现偏心，两侧应变分布不对称。总体而言，下翼缘板应变值大小约为上翼缘板的一半，两者应变分布规律相似。

3.4.3.3　上层肩梁腹板

以布置在中段柱内肢与上层肩梁腹板连接处的 4—4 截面（图 3-145）的应变花数值为依据，得到各个荷载级下的 4—4 截面腹板应变，如图 3-146 所示。

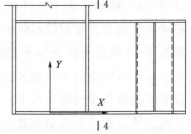

图 3-145　上层肩梁截面位置

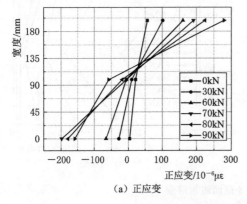
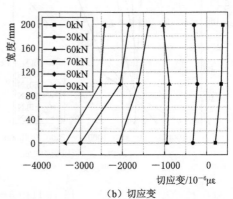

（a）正应变　　　　　　　　　　　　　（b）切应变

图 3-146　4—4 截面腹板应变

由图 3-146（a）可知，竖向荷载作用结束时，腹板全截面受拉，呈斜直线分布；随着水平荷载的增大，截面应变呈上部受拉下部受压，反弯点位于腹板中部；当水平荷载超过 80kN 时，腹板上部应变增速明显快于下部，应变分布不再符合平截面假定。由图 3-146（b）可知，在竖向荷载加载完成后，截面切应变近似呈斜直线分布；随着水平荷载的增大，截面各测点应变先减小后反向增大，截面上部切应变低于下部。总体而言，截面切应变远大于正应变，在各级荷载下均起到主导作用。

3.4.3.4 上层肩梁翼缘板

以4—4截面所在翼缘板应变片数据为依据，得到各个荷载级下、上层肩梁翼缘板应变，如图3-147所示。

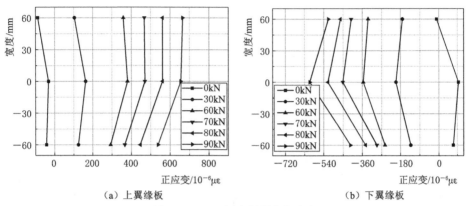

（a）上翼缘板　　　　　　　　　　（b）下翼缘板

图3-147　上层肩梁翼缘板应变

由图3-147可知，在加载过程中，上翼缘板全截面为受拉，下翼缘板全截面受压。上、下翼缘板应变均呈中间大两边小分布，存在应变集中现象。各个荷载级下，上层肩梁翼缘板截面始终处于弹性状态。

3.4.3.5 中段柱内肢腹板

以布置在中段柱内肢底部与下层肩梁连接处截面的应变花数据为依据，得到各个荷载级下中段柱腹板应变，如图3-148所示。

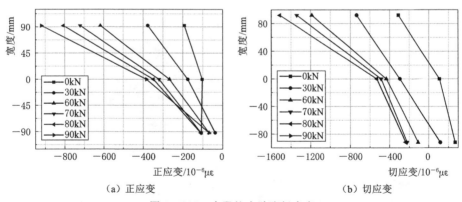

（a）正应变　　　　　　　　　　（b）切应变

图3-148　中段柱内肢腹板应变

由图3-148（a）可知，随着水平荷载的增加，靠近柱腹板左侧正应变明显大于右侧；当水平荷载超过30kN后，截面正应变近似呈直线分布。由图3-148（b）可知，在竖向荷载作用完成时，截面两侧切应变方向相反；随着水平荷载增加，截面左侧切应变快速增大。总体而言，截面的应变明显不对称，水平力产生的大部分弯矩由左侧翼缘板承担，这也是导致试件下层肩梁左区格腹板破坏的主要原因。

3.5　三肢中柱双层肩梁试验现象及结果分析

3.5.1　试验现象

三肢中柱双层肩梁试件编号为 TMJL-1 和 TMJL-2。

以试件 TMJL-1 为例。在施加竖向荷载后，试件未出现明显变化；随着水平荷载的施加，当柱顶位移达到 9mm 时，中段柱内肢根部翼缘板出现了第一条起皮条纹。当水平荷载增加至 150kN 时，由于水平力过大，部分螺栓的螺纹被压平，试件与基础梁发生相对位移，并伴随"砰砰"声响，此时暂停加载，详细记录试验现象及各位移计数值，并于重新拧紧螺栓后继续加载。当柱顶水平位移达到约 17mm 时，荷载-位移曲线出现明显拐点，标志着弹性阶段的结束。在随后的弹塑性及塑性阶段，当柱顶位移达到约 26mm 时，下层肩梁出现下沉现象，柱翼缘板起皮现象明显增多，如图 3-149（a）所示；当柱顶位移达到约 35mm 时，下层肩梁受压区格腹板与钢管连

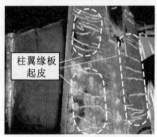

（a）中段柱内肢翼缘板起皮条纹

（c）斜腹杆环向起皮条纹

（b）下层肩梁面外屈曲带

（d）试件整体破坏形态

图 3-149　试件 TMJL-1 破坏现象

接处的焊缝出现掉渣现象，但焊缝仍在继续工作。当柱顶位移达到约 45mm 时，下层肩梁受压区格腹板沿对角线出现 2 条凸曲带，如图 3-149（b）所示。在柱顶位移达到 57mm 时，承载力达到最大值，约为 224kN，随后逐渐下降，斜腹杆出现竖向环形起皮条纹，如图 3-149（c）所示。当承载力降至极限荷载的 89% 时，竖向千斤顶失去转动能力，试验结束。试件整体破坏情况如图 3-149（d）所示。

试件 TMJL-2 的破坏过程与试件 TMJL-1 相似，其极限承载力约为 215kN，为试件 TMJL-1 极限承载力的 95%。

3.5.2 荷载-位移曲线

取试件加载点水平荷载及水平位移，绘制荷载-位移曲线，如图 3-150 所示。两个试件在加载初期的荷载-位移曲线基本重合，当柱顶水平位移超过 7.5mm 后，试件 TMJL-2 首先进入弹塑性状态，两个试件的曲线发展趋势大致相同。在加载后期，试件 TMJL-2 的荷载下降速度快于试件 TMJL-1。

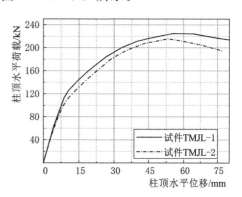

图 3-150 试件 TMJL-1 和试件 TMJL-2 荷载-位移曲线

两个试件的试验结果见表 3-41，试件 TMJL-1 特征荷载及位移均优于试件 TMJL-2，说明试件的下层肩梁截面高度越高，试件受力性能越好。

表 3-41　　　　试件 TMJL-1 和试件 TMJL-2 试验结果

试件编号	屈服荷载/kN	屈服位移/mm	极限荷载/kN	最大位移/mm
TMJL-1	179.0	34.00	224.0	55.00
TMJL-2	169.0	25.00	215.0	50.00

3.5.3 关键部位应变分析

3.5.3.1 下层肩梁腹板

以试件 TMJL-1 下层肩梁腹板应变花数据为参考，选取了水平荷载为 0kN、110kN、170kN 三个荷载级，得到腹板主应变，如图 3-151 所示。

（1）竖向荷载加载完成时，腹板各测点应变处于弹性状态，沿腹板对角线的 3 个测点应变略大于其他测点，形成一条斜压带。

（2）当水平荷载达到 110kN 时，角部测点进入屈服状态；A3、C1 处的应变增速最快。可以看出主应变发展过程为：在 A3、C1 处产生，并向 B2 处扩展，随后沿着斜压带垂直的方向向两侧扩展。

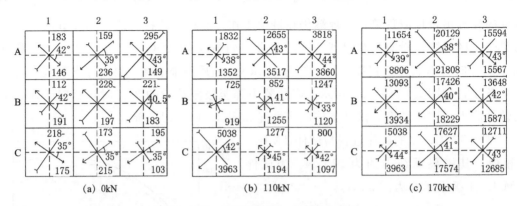

(a) 0kN　　　　　　(b) 110kN　　　　　　(c) 170kN

图 3-151　试件 TMJL-1 腹板主应变

（3）当水平荷载达到 170kN 时，下层肩梁受压区格腹板全部进入屈服状态，主应变增长迅速，特别是在 A2、B2、C2 处的应变增长最快。

以布置于 2—2 截面（图 3-152）上的应变花数据为参考，得到腹板截面在不同荷载级下的应变，如图 3-152 所示。

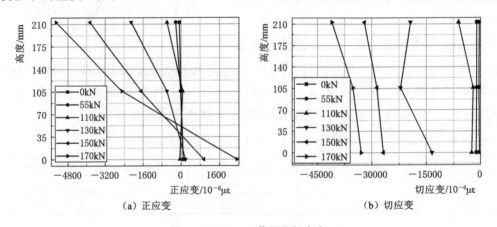

(a) 正应变　　　　　　　　　　(b) 切应变

图 3-152　2—2 截面腹板应变

由图 3-152（a）可知，随着水平荷载的增加，截面上部正应变增长速度大于截面下部；当荷载超过 110kN 时，截面中部的正应变突然增加，反弯点向腹板下侧偏移。由图 3-152（b）可知，水平荷载加载初期，截面切应变呈线性分布；随着水平荷载的增加，尤其是水平荷载为 110～130kN 时，截面切应变迅速增长；从数值上看，切应变的大小及其发展远大于正应变。

3.5.3.2　下层肩梁翼缘板

以下层肩梁翼缘板截面应变片数值为依据，得到各个荷载级下的下层肩梁翼缘板应变，如图 3-153 所示。

由图 3-153（a）可知，上翼缘板应变在截面上呈现中间大两侧小的分布，加载

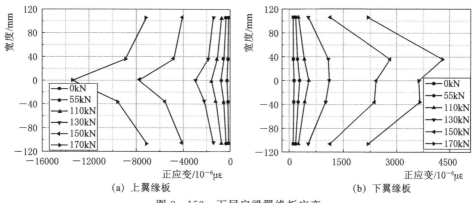

（a）上翼缘板   （b）下翼缘板

图 3-153　下层肩梁翼缘板应变

初期，应变沿截面对称分布，截面中部应变集中；当水平荷载超过 130kN 时，中间测点的应变超过屈服应变，且应变增长速度加快。由图 3-153（b）可知，下翼缘板的应变发展过程与上翼缘板相似，但在水平荷载超过 130kN 后，翼缘板中部的应变小于两侧，表明应变向两边扩散。在数值方面，下翼缘板的应变小于上翼缘板的应变。

3.5.3.3　上层肩梁腹板

以 4—4 截面（图 3-154）的应变花数值为参考，得到各个荷载级下的截面腹板应变，如图 3-154 所示。

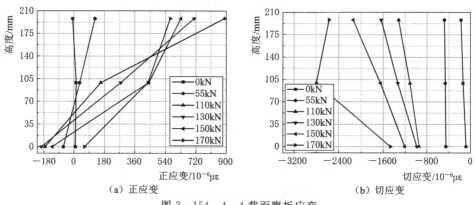

（a）正应变   （b）切应变

图 3-154　4—4 截面腹板应变

由图 3-154（a）可知，在竖向荷载施加完成时，截面的正应变近似符合平截面假定；随着水平荷载的增加，截面变为上部受压下部受拉，反弯点在 60mm 附近，并逐渐向腹板下部移动；当荷载超过 170kN 时，全截面受拉。由图 3-154（b）可知，在竖向荷载施加完成时，全截面切应变为负值，上部切应变略大于下部；随着水平荷载的增加，截面上部和中部的切应变迅速增长；当水平荷载超过 150kN 时，截面中部的应变超过上部，呈现中间大两侧小的分布。从数值上看，截面的切应变在各荷载级下起主导作用。

3.6　四肢中柱双层肩梁试验现象及结果分析

3.6.1　试验现象

四肢中柱肩梁试件编号为 QMJL-1 和 QMJL-2。

在加载过程中，试件 QMJL-1 的现象与双肢柱肩梁的现象相似。当柱顶水平位移达到 9mm 时，中段柱内肢翼缘板出现起皮条纹现象，如图 3-155（a）所示；加载至 140kN 时，由于试验过程中水平力过大，导致螺栓螺纹被压平，且基础梁侧向千斤顶发生漏油现象，导致试件和基础梁均出现滑移现象，暂停试验，拧紧螺栓并对侧向千斤顶进行送油处理后继续加载；当柱顶水平位移达到 19mm 时，下层肩梁已明显下沉，中段柱内肢起皮条纹进一步延长且密集；当柱顶水平位移增至 40mm 时，下层肩梁腹板发生屈曲，如图 3-155（b）所示；当柱顶水平位移约为 53mm 时，承载力不再增加，约为 249kN；当柱顶水平位移约为 85mm 时，竖向千斤顶失去转动能力，试验结束。试件最终破坏如图 3-155（c）所示。

（a）中段柱内肢右翼缘板起皮

（b）下层肩梁腹板屈曲带

（c）试件整体破坏

图 3-155　试件 QMJL-1 试件破坏现象

试件 QMJL-2 的破坏过程与试件 QMJL-1 类似，其极限承载力约为 200kN，为试件 DMJL-1 极限承载力的 81%。

3.6.2 荷载-位移曲线

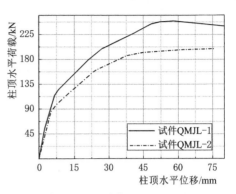

图 3-156 试件 QMJL-1 和
试件 QMJL-2 荷载-位移曲线

取试件加载点水平荷载及水平位移，绘制荷载-位移曲线，如图 3-156 所示。可以看出，两试件的初始刚度大致相同；由于试件 QMJL-2 下层肩梁截面高度较低，导致其较早进入弹塑性阶段；相比之下，试件 QMJL-1 的承载力明显高于试件 QMJL-2；在加载后期，试件 QMJL-1 的荷载先出现下降段。

两试件试验结果见表 3-42。试件 QMJL-1 的屈服荷载与极限荷载均显著提高，但试件 QMJL-2 的最大位移大于试件 QMJL-1，主要原因在于 QMJL-2 加载后期柱顶的竖向千斤顶被顶死，柱顶变为滑动铰支座，失去转动能力，从而使得其承载力下降较为缓慢。

表 3-42 试件 QMJL-1 和试件 QMJL-2 试验结果

试件编号	屈服荷载/kN	屈服位移/mm	极限荷载/kN	最大位移/mm
QMJL-1	182.0	22.40	250.0	55.00
QMJL-2	142.0	20.00	119.0	65.00

3.6.3 关键部位应变分析

3.6.3.1 下层肩梁主应变

以试件 QMJL-1 腹板受压区格应变花所得主应变为参考，选取了水平荷载为 0kN、120kN、180kN 3 个荷载级，得到各个测点主应变，如图 3-157 所示。

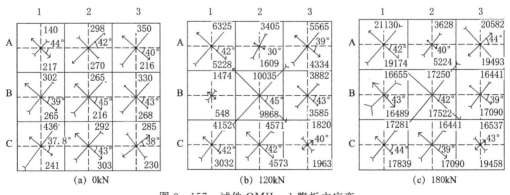

(a) 0kN   (b) 120kN   (c) 180kN

图 3-157 试件 QMJL-1 腹板主应变

（1）当竖向荷载加载完成时，A3 和 C1 处的应变最大，整个腹板处于弹性阶段，主应变与 X 轴的夹角为 $38°\sim45°$。

（2）当水平荷载达到 120kN 时，除 B1 和 C3 处外，其余测点的应变迅速增长并已进入屈服状态，B2 处的应变最大。可以明显观察到，A3—C1 连线的应变明显大于其他位置，形成了一条斜压带。

（3）当水平荷载达到 180kN 时，斜压带继续发展，腹板全截面均进入屈服状态，B2 处的应变最大。

3.6.3.2　下层肩梁腹板

以水平荷载为 0kN、60kN、120kN、140kN、160kN、180kN 时 1—1 截面腹板应变数据为依据，得到截面腹板应变，如图 3-158 所示。

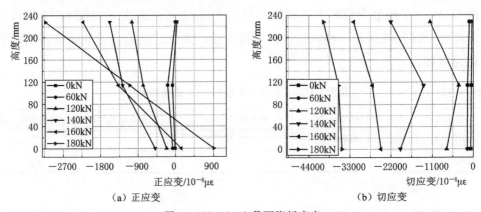

（a）正应变　　　　　　　　　　　（b）切应变

图 3-158　1—1 截面腹板应变

由图 3-158（a）可知，在水平荷载加载初期，大部分截面处于受压状态，正应变呈现两边小中间大的分布，未能符合平截面假定；当水平荷载超过 60kN 后，截面上部的应变增加明显快于中部及下部，截面正应变呈线性分布；当水平荷载超过 140kN 后，截面上部的应变继续增加，而中部及下部的应变开始下降，截面下部出现拉应变，反弯点逐渐从截面下部向中部移动。由图 3-158（b）可知，在水平荷载为 0～60kN 时，截面的切应变近似呈线性分布；随着水平荷载的增加，由于角部的应力集中和焊接残余应力，截面两侧的切应变增长速度快于截面中部；当荷载超过 140kN后，截面中部的切应变增长迅速，最终截面切应变呈均匀分布。在数值上，截面切应变在各荷载级下起主导作用。

3.6.3.3　下层肩梁翼缘板

选取 3—3 截面翼缘板的应变片数据为参考，得到此截面在不同荷载下上、下翼缘板应变，如图 3-159 所示。

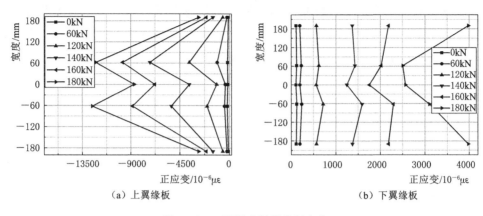

（a）上翼缘板　　　　　　　　　　　（b）下翼缘板

图 3-159　下层肩梁翼缘板应变

由图 3-159 可知，在整个加载过程中，上翼缘板全截面均处于受压状态，应变从中间向两侧先增大后减小，峰值应变大约出现在翼缘板与腹板的连接处，存在明显的应变集中现象。由图 3-159 可知，下翼缘板截面在加载过程中全截面处于受拉状态，翼缘板两侧的应变与中部相近，应变分布较上翼缘板更为均匀，未出现明显的应变集中现象。从数值上看，下翼缘板的应变小于上翼缘板的应变。

3.7　双层肩梁受力特性及破坏模式

3.7.1　多肢边柱双层肩梁

三种多肢边柱双层肩梁破坏模式相似。由腹板等效应力分析可知，下层肩梁内肢侧腹板应力最大。由下层肩梁翼缘板、中段柱内肢翼缘板以及钢管的应变分析可知，试件 DSSB-1、试件 DSSB-2、试件 TSSB-1、试件 QSSB-1 发生屈服时，除下层肩梁内肢侧腹板全截面屈服外，其余部位均未屈服；试件 DSSB-3、试件 TSSB-2、试件 TSSB-3、试件 QSSB-2、试件 QSSB-3 屈服时，下层肩梁上翼缘板部分测点屈服，下翼缘板未屈服，无法形成塑性铰，下层肩梁内肢侧腹板全截面屈服，其余部位均未屈服。所以下层肩梁内肢侧腹板屈服标志着整体试件的屈服。试件屈服后，下层肩梁内肢侧腹板剪切变形加大，产生凸曲，导致试件无法继续承载。当下层肩梁内肢侧腹板剪应变增长发展直至屈服、屈曲时，试件整体发生破坏。

3.7.2　多肢中柱双层肩梁

三种多肢中柱双层肩梁破坏模式相似。在竖向荷载施加后，通过比较上、下层肩梁腹板、翼缘板的应变大小，可知大部分竖向荷载传递到下层肩梁。在水平荷载的加载过程中，上层肩梁剪应力起主导作用，水平荷载沿上层肩梁腹板对角线传递至钢管混凝土柱；水平荷载由中段柱内肢与钢管混凝土柱共同承担，中段柱内肢底部截面会产生弯矩 M，此弯矩可转化为作用于中段柱内肢翼缘板的两个竖向荷载，作用于下层肩梁，下层肩梁可以简化为简支梁。荷载通过下层肩梁腹板受压区格斜压带进行传递，并逐渐延伸至整个腹板受压区格，腹板进入全截面屈服，试件的承载力在腹板全截面屈服后仍继续增加；荷载加载后期，腹板沿对角线方向出现屈曲，承载力没有立刻下降，是因为试件屈曲带的薄膜应力提供了屈曲后强度；试件破坏是因为沿腹板屈曲带的钢材第一主应力达到极限值。简言之，试件破坏模式为下层肩梁受压区格处发生破坏。

第 4 章

钢管混凝土多肢格构柱双层肩梁有限元模拟参数分析

随着现代科技的飞速进步，有限元模拟分析作为一种前沿且高度成熟的研究工具，具有成本低廉、高效快捷、计算精准等特点，已经广泛渗透于众多学科领域，成为科研探索与工程实践中不可缺少的一环。由于试验的试件数量有限，无法对构件的所有参数进行试验研究和分析，因此在验证有限元模型有效性的基础上，建立起不同参数下的双层肩梁力学模型，分析了主要参数对其受力性能的影响规律，探究了不同工况下双层肩梁的承载力和破坏模式，得到了双层肩梁承载力计算公式和设计方法。

4.1 有限元模型的建立与本构关系

4.1.1 材料本构模型

对于低碳钢，常用的本构模型有理想弹塑性模型和强化模型。由于本书分析的模型破坏部位的应变超过了峰值应变，所以选择钢材强化模型（图4-1）。采用 Mises 屈服准则，屈服后应力-应变曲线简化为斜直线，峰值应力后应力-应变曲线简化为水平线。钢材泊松比取0.3，其他参数见本书第2章表2-4和表2-5。

对于混凝土选择塑性损伤模型，其弹性模量、抗拉强度和抗压强度由材性试验确定，应力-应变曲线如图4-2所示，泊松比、膨胀角等塑性损伤模型参数见表4-1。

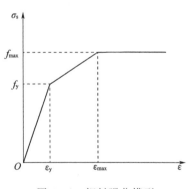

图4-1 钢材强化模型

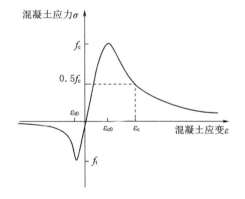

图4-2 混凝土塑性损伤模型

表4-1　　　　　　　　　　　混凝土塑性损伤模型参数

弹性模量/GPa	泊松比	膨胀角/(°)	偏心率	$\dfrac{\sigma_{b0}}{\sigma_{c0}}$	K	黏性系数
32.5	0.2	30	0.1	1.16	0.667	0.0005

注　K 表示拉压子午线的第二应力不变量之比。

4.1.2　双层肩梁模型的建立

建立的有限元模型中钢管和混凝土均采用 8 节点三维实体线性减缩积分单元（C3D8R），此种单元可以很好地处理混凝土的塑性应变、开裂、压缩等非线性问题，有利于模型结果的收敛。双层肩梁和中段柱内肢采用 20 节点三维实体二次减缩积分单元（C3D20R），能更准确地模拟钢板屈曲破坏，这种单元使结构在计算过程中沙漏几乎不能扩展，能更准确地模拟钢材的应力与应变。

试件制作时板材、管材等连接处均采用焊接方式连接，在有限元模型中采用绑定连接（Tie）来模拟。有限元分析中，由于钢管混凝土柱肢不是研究的重点，对双层肩梁的承载力影响较小，而混凝土和钢管的黏结滑移会大大增加收敛难度和计算时间，因此将钢管与混凝土接触面简化为绑定。模型柱肢底部采用固定连接的方式作为结构支座。荷载作用点处采用点面耦合的相互作用，然后将荷载施加于参考点并传递至受荷面，与试验荷载施加方式相同，边柱双层肩梁施加竖向吊车荷载，中柱双层肩梁施加水平刹车荷载与屋盖肢的竖向荷载。

4.2　有限元模拟与试验结果对比分析

4.2.1　多肢边柱双层肩梁

4.2.1.1　试件破坏形态对比

多肢边柱双层肩梁有限元模型的破坏形态与试验试件相似，均为下层肩梁内肢侧腹板屈曲，其导致承载力下降，试件破坏。此处以双肢边柱双层肩梁 DSSB - 2 为例，试件变形如图 4 - 3 和图 4 - 4 所示。

 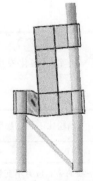

图 4 - 3　试验试件 DSSB - 2 最终变形　　图 4 - 4　有限元试件 DSSB - 2 最终变形

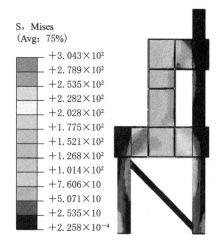

S，Mises
(Avg: 75%)

- +3.043×10²
- +2.789×10²
- +2.535×10²
- +2.282×10²
- +2.028×10²
- +1.775×10²
- +1.521×10²
- +1.268×10²
- +1.014×10²
- +7.606×10
- +5.071×10
- +2.535×10
- +2.258×10⁻⁴

图 4-5　试件 DSSB-2 弹性阶段的
mises 应力云图

由 Mises 等效应力云图（图 4-5）及下层肩梁绝对最大主应力迹线（图 4-6）得知，双层肩梁模型在竖向荷载作用下、下层肩梁的内肢侧腹板在荷载作用下形成斜压带，在此斜压带上，角部的应力值大于中部的应力值，应力以此斜压带形成的对角线向两侧扩散。在下层肩梁内侧腹板进入屈服平台的过程中，主要依靠上层肩梁以及下层肩梁外侧腹板继续承载，随着荷载的持续增加，下层肩梁内侧腹板积累的塑性变形加大，产生屈曲（图 4-7），屈曲后承载力增速放缓，试件变形增大，最终导致破坏。

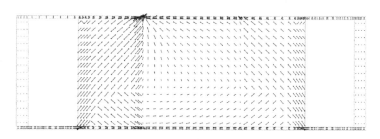

图 4-6　试件 DSSB-2 下层肩梁绝对最大主应力迹线

4.2.1.2　荷载-位移曲线对比

双肢、三肢及四肢边柱有限元试件与相应试验试件的荷载-位移曲线对比如图 4-8～图 4-10 所示，可以看出，两者曲线趋势基本一致，表现为试件未屈服时，承载力近似呈线性增长，试件屈服后承载力增速放缓，随着荷载继续增加，下层肩梁内肢侧腹板凸曲，试件承载力下降。

试验与有限元模型承载力结果对比见表 4-2。从表 4-2 中可以看出，双肢试件有限元模型的屈服荷载结果与试验差值较小，试件 DSSB-2 与试件 DSSB-3 分别为 3.6%、-2.6%，试件 DSSB-1 有限元与试验结果相差较大，原因在于加载初期，

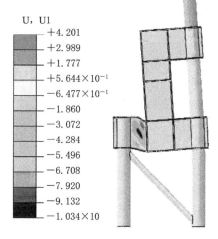

U，U1

- +4.201
- +2.989
- +1.777
- +5.644×10⁻¹
- -6.477×10⁻¹
- -1.860
- -3.072
- -4.284
- -5.496
- -6.708
- -7.920
- -9.132
- -1.034×10

图 4-7　试件 DSSB-2 下层
肩梁腹板屈曲

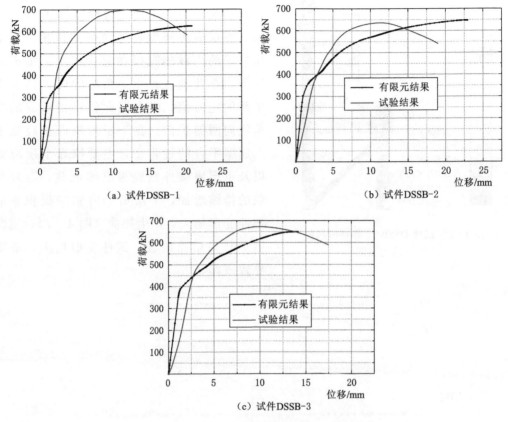

（a）试件DSSB-1 （b）试件DSSB-2

（c）试件DSSB-3

图 4-8 双肢边柱有限元试件与试验试件荷载-位移曲线对比

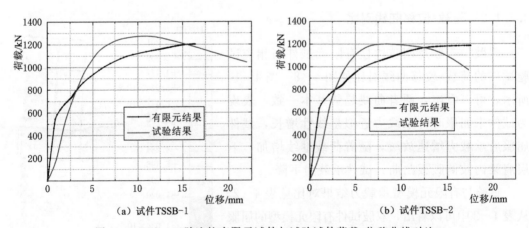

（a）试件TSSB-1 （b）试件TSSB-2

图 4-9（一） 三肢边柱有限元试件与试验试件荷载-位移曲线对比

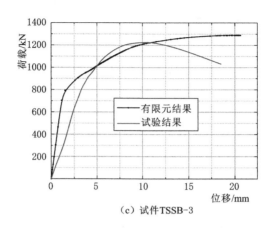

（c）试件TSSB-3

图 4-9（二） 三肢边柱有限元试件与试验试件荷载-位移曲线对比

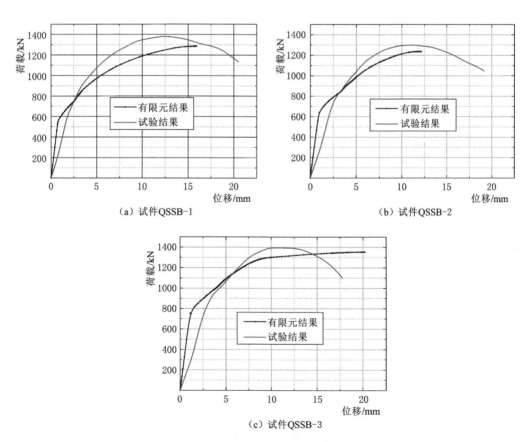

（a）试件QSSB-1　　　　　　　　　（b）试件QSSB-2

（c）试件QSSB-3

图 4-10 四肢边柱有限元试件与试验试件荷载-位移曲线对比

约束试件面外位移的约束横梁抑制了试件 DSSB-1 横向位移，使得下层肩梁内肢侧受力减小，腹板全截面屈服延后，导致试件屈服荷载变大，对比三个试件的极限荷载，有限元结果与试验结果差值较小，分别为 -10.9%、1.1%、-3.9%；三肢试件有限元与试验屈服荷载的差值分别为 -0.4%、-3.6%、4.1%，四肢柱试件有限元与试验屈服荷载的差值分别为 0.2%、1.4%、3.5%，三肢柱试件有限元与试验极限荷载的差值分别为 -5.7%、-1.9%、5.1%，四肢柱试件两者差值分别为 -7.1%、-5.1%、-3.2%，差值均较小，表明有限元能较好地模拟试件的受力性能。

表 4-2　　　　　　　　　　　试验与有限元模型承载力结果对比

试件类型	试件编号	P_y/kN			P_u/kN		
		试验	有限元	差值/%	试验	有限元	差值/%
双肢试件	DSSB-1	378	272	-28.0	700	624	-10.9
	DSSB-2	306	317	3.6	640	647	1.1
	DSSB-3	390	380	-2.6	675	649	-3.9
三肢试件	TSSB-1	546	544	-0.4	1275	1202	-5.7
	TSSB-2	658	634	-3.6	1207	1184	-1.9
	TSSB-3	731	761	4.1	1227	1289	5.1
四肢试件	QSSB-1	543	544	0.2	1385	1286	-7.1
	QSSB-2	625	634	1.4	1303	1237	-5.1
	QSSB-3	735	761	3.5	1398	1353	-3.2

试验部分对构件的屈服已做出讨论，试验试件的屈服由下层肩梁腹板的屈服引起，从荷载-位移曲线可以观察到荷载增速变缓，其斜率减小。与有限元相比，试件在肩梁腹板全截面屈服后，拐点不及有限元明显，这是由于有限元模型的初始刚度要大于试验试件。

有限元与试验等效应力结果对比见表 4-3～表 4-11，两者应力相近，分布规律相同，具体表现为：下层肩梁腹板的应力值普遍高于中段柱内肢以及上层肩梁，下层肩梁近内肢侧（E1—G3 围区）的腹板应力值高于外肢侧（E7—G9 围区），说明此区域较其他区域最先屈服；下层肩梁近内肢侧应力值以 G1—E3 连线处最大，并向两侧递减，此区域 E3、G1 处应变最大；各试件下层肩梁内肢侧腹板应力值由大到小依次为试件 DSSB-1、试件 DSSB-2、试件 DSSB-3；各试件下层肩梁外肢侧腹板应力值由大到小依次为试件 DSSB-3、试件 DSSB-2、试件 DSSB-1。

综上所述，整体上有限元结果与试验结果相近。

表 4-3　　　　　试件 DSSB-1 在 50kN 时腹板 Mises 等效应力结果比较　　　　　单位：MPa

区域	1	2	3	4	5	6	7	8	9
A	—	—	—	—	—	—	16/19	—	—
B	—	—	—	—	—	—	10/11	—

区域	1	2	3	4	5	6	7	8	9
C	—	—	—	—	—	—	—	—	14 /17
D	—	—	—	26/27	10/11	14/15	—	—	—
E	46/47	—	56/63	—	—	—	28/31	—	—
F	51/55	—	46/54	—	—	—	—	30/31	—
G	53/58	—	44/47	—	—	—	—	—	31/32

注　表中数字为试验结果/有限元结果。

表 4 - 4　　　　试件 DSSB - 2 在 50kN 时腹板 Mises 等效应力结果比较　　　　单位：MPa

区域	1	2	3	4	5	6	7	8	9
A	—	—	—	—	—	—	15/26	—	—
B	—	—	—	—	—	—	—	11/13	—
C	—	—	—	—	—	—	—	—	17/17
D	—	—	—	故障	12/13	故障	—	—	—
E	37/38	45/44	46/60	—	—	—	30/37	—	—
F	43/48	45/52	46/47	—	—	—	—	29/38	—
G	47/54	41/46	33/41	—	—	—	—	—	35/42

表 4 - 5　　　　试件 DSSB - 3 在 50kN 时腹板 Mises 等效应力结果比较　　　　单位：MPa

区域	1	2	3	4	5	6	7	8	9
A	—	—	—	—	—	—	19/21	—	—
B	—	—	—	—	—	—	—	14/14	—
C	—	—	—	—	—	—	—	—	17/17
D	—	—	—	22/26	4/12	13/16	—	—	—
E	26/31	31/38	39/50	—	—	—	31/39	—	—
F	34/40	38/43	30/38	—	—	—	—	15/41	—
G	39/45	32/37	26/34	—	—	—	—	—	38/46

表 4 - 6　　　　试件 DSSB - 1 在 100kN 时腹板 Mises 等效应力结果比较　　　　单位：MPa

区域	1	2	3	4	5	6	7	8	9
A	—	—	—	—	—	—	19/25	—	—
B	—	—	—	—	—	—	—	15/15	—
C	—	—	—	—	—	—	—	—	20/19
D	—	—	—	18/22	7/10	8/11	—	—	—
E	40/45	—	46/63	—	—	—	30/33	—	—
F	46/55	—	47/54	—	—	—	—	28/31	—
G	45/61	—	异常/48	—	—	—	—	—	25/38

表 4 - 7　　　　　试件 DSSB - 2 在 100kN 时腹板 Mises 等效应力结果比较　　　单位：MPa

区域	1	2	3	4	5	6	7	8	9
A	—	—	—	—	—	—	18/27	—	—
B	—	—	—	—	—	—	—	13/17	—
C	—	—	—	—	—	—	—	—	17/22
D	—	—	—	20/23	5/10	13/13	—	—	—
E	32/36	42/43	62/57	—	—	—	32/38	—	—
F	45/47	42/49	41/46	—	—	—	—	31/37	—
G	42/54	39/43	33/40	—	—	—	—	—	32/45

表 4 - 8　　　　　试件 DSSB - 3 在 100kN 时腹板 Mises 等效应力结果比较　　　单位：MPa

区域	1	2	3	4	5	6	7	8	9
A	—	—	—	—	—	—	17/28	—	—
B	—	—	—	—	—	—	—	16/19	—
C	—	—	—	—	—	—	—	—	17/22
D	—	—	—	18/24	6/10	10/13	—	—	—
E	36/32	46/37	53/49	—	—	—	36/41	—	—
F	46/39	49/42	44/38	—	—	—	—	36/41	—
G	50/44	40/36	37/35	—	—	—	—	—	41/50

表 4 - 9　　　　　试件 QSSB - 1 在 100kN 时腹板 Mises 等效应力结果比较　　　单位：MPa

区域	1	2	3	4	5	6	7	8	9
A	—	—	—	—	—	—	7/17	—	—
B	—	—	—	—	—	—	—	7/8	—
C	—	—	—	—	—	—	—	—	10/13
D	—	—	—	22/23	7/10	8/12	—	—	—
E	52/48	—	58/64	—	—	—	27/32	—	—
F	55/55	—	51/54	—	—	—	—	26/30	—
G	51/61	—	49/48	—	—	—	—	—	25/33

表 4 - 10　　　　　试件 QSSB - 2 在 100kN 时腹板 Mises 等效应力结果比较　　　单位：MPa

区域	1	2	3	4	5	6	7	8	9
A	—	—	—	—	—	—	15/18	—	—
B	—	—	—	—	—	—	—	10/10	—
C	—	—	—	—	—	—	—	—	14/14

区域	1	2	3	4	5	6	7	8	9
D	—	—	—	22/24	11/11	13/13	—	—	—
E	35/38	44/43	50/58	—	—	—	36/37	—	—
F	46/47	46/50	42/46	—	—	—	—	37/35	—
G	49/54	43/43	37/40	—	—	—	—	—	43/39

表 4-11　　　　　　试件 QSSB-3 在 100kN 时腹板 Mises 等效应力结果比较　　　　单位：MPa

区域	1	2	3	4	5	6	7	8	9
A	—	—	—	—	—	—	21/20	—	—
B	—	—	—	—	—	—	—	14/11	—
C	—	—	—	—	—	—	—	—	15/14
D	—	—	—	19/21	9/10	13/14	—	—	—
E	35/31	38/35	43/50	—	—	—	34/39	—	—
F	43/39	43/42	40/38	—	—	—	—	34/40	—
G	47/44	39/36	38/34	—	—	—	—	—	异常/44

4.2.1.3　有限元模型应力分析

由于各个试件的最终破坏形态均为下层肩梁内肢侧腹板屈服，因此对此处腹板的应力进行详细分析，下层肩梁内肢侧腹板截面编号示意图如图 4-11 所示。

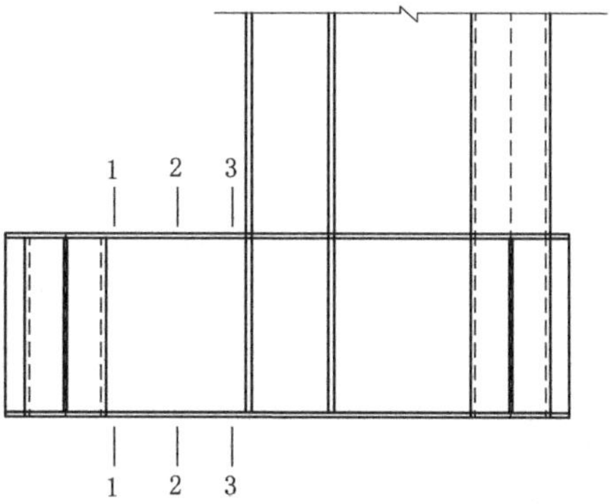

图 4-11　下层肩梁内肢侧腹板截面编号示意图

1. 腹板剪应力

试件 DSSB-2 肩梁剪应力分布如图 4-12 所示，前两个分析步，构件处于弹性阶段，肩梁腹板未屈服；第三个分析步，构件处于弹塑性阶段，肩梁腹板部分屈服；第四个分析步，肩梁腹板全部屈服。

在弹性阶段，1—1 截面腹板剪应力呈现下大上小，3—3 截面的腹板剪应力呈现上大下小，2—2 截面腹板剪应力呈现中部大两边小，说明肩梁腹板沿对角线方向应力较大，随着荷载增加，应力向对角线两侧扩散，导致 2—2 截面最先全截面屈服。试件 DSSB-1 和试件 DSSB-3 的应力分布规律与试件 DSSB-2 基本一致，具体剪应力分布情况如图 4-13、图 4-14 所示。

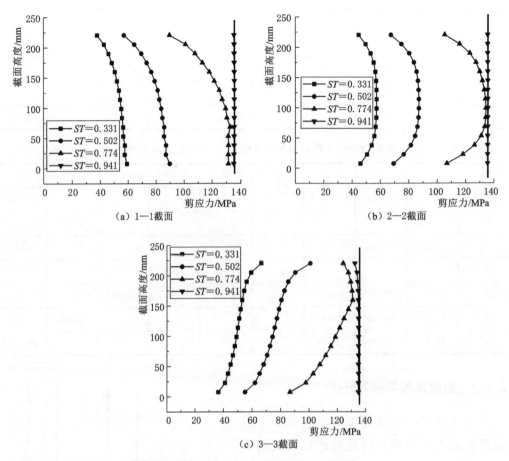

（a）1—1截面　　　　　　　　　　　（b）2—2截面

（c）3—3截面

图 4 - 12　试件 DSSB - 2 肩梁剪应力分布

注：加粗黑体竖线表示剪切屈服强度，下同。

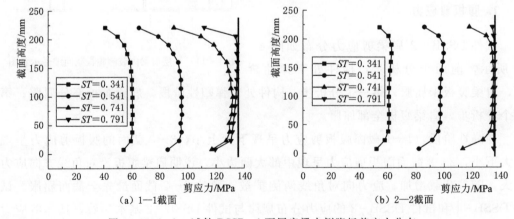

（a）1—1截面　　　　　　　　　　　（b）2—2截面

图 4 - 13（一）　试件 DSSB - 1 下层肩梁内侧腹板剪应力分布

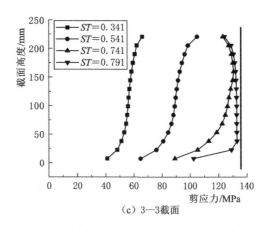

（c）3—3截面

图 4-13（二） 试件 DSSB-1 下层肩梁内侧腹板剪应力分布

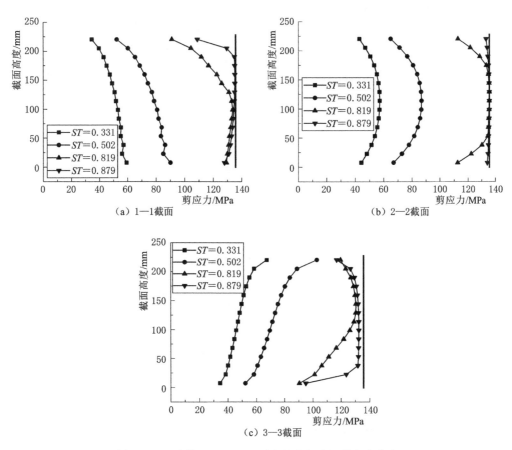

（a）1—1截面　　　　　　　　　　　　　（b）2—2截面

（c）3—3截面

图 4-14 试件 DSSB-3 下层肩梁内侧腹板剪应力分布

2. 腹板弯曲正应力

试件 DSSB-2 肩梁弯曲正应力分布如图 4-15 所示。由图 4-15 可以看出，弯曲正应力在 2—2 截面和 3—3 截面的分布基本符合平截面假定，随着荷载的增加，截面各点的应力值稳步增长，腹板全截面屈服后，弯曲正应力在各个截面均出现了不同程度的降低。1—1 截面弯曲正应力在弹性及弹塑性阶段分布呈 S 型，跟其他截面和计算假定的应力分布差别较大，且在腹板与翼缘板连接处弯曲正应力接近于零，因此可将靠近支座的截面简化为铰支座。

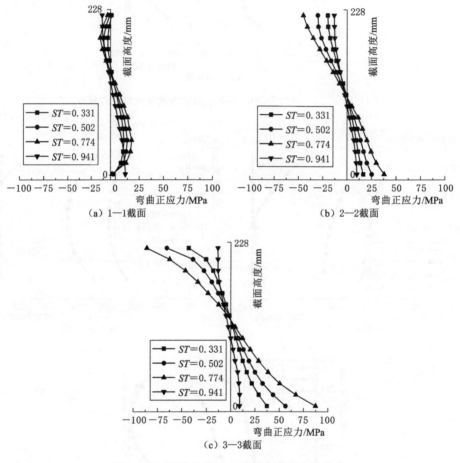

图 4-15　试件 DSSB-2 肩梁弯曲正应力分布

3. 腹板挤压应力

试件 DSSB-2 肩梁挤压应力分布如图 4-16 所示。由图 4-16 可以看出，斜压带范围内的挤压应力都很大，由于腹板各部分受斜压带的影响各有不同，所以挤压应力的大小有些差异，最大值出现在 3—3 截面上部和 2—2 截面下部，其余各处挤压应力值以斜压带所形成的对角线向两侧减小。各个截面的挤压应力在肩梁腹板全截面屈服后逐渐减小，最终 2—2 截面的挤压应力接近于零。

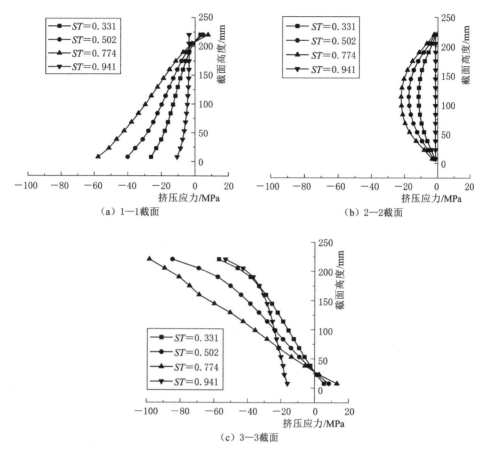

（a）1—1截面　　　　　　　　　　（b）2—2截面

（c）3—3截面

图 4-16　试件 DSSB-2 肩梁挤压应力分布

4. 等效应力

试件 DSSB-2 肩梁 Mises 应力分布如图 4-17 所示。由图 4-17 可以看出，Mises 等效应力分布及发展规律与剪应力一致，说明剪应力在 Mises 等效应力中占主导地位。在弹性阶段，随着荷载增加，等效应力不断增加，沿截面高度分布规律一致。试件在腹板角部的等效应力值要明显高于其他部位。

4.2.1.4　临界应力

纯剪作用下剪切临界应力 τ_{cr} 表达式为

$$\tau_{cr} = \frac{K\pi^2 E}{12(1-\upsilon^2)}\left(\frac{t_w}{h_0}\right)^2 \tag{4-1}$$

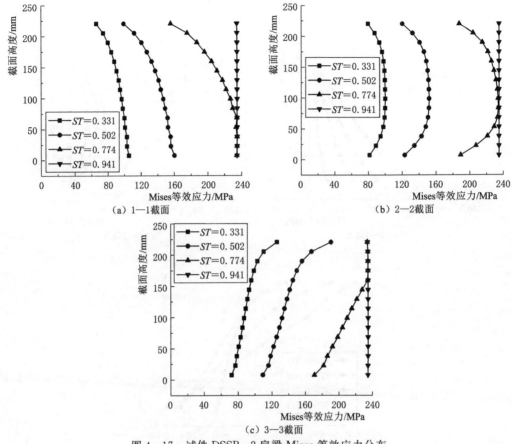

（a）1—1 截面　　　　　　　　　　　（b）2—2 截面

（c）3—3 截面

图 4 - 17　试件 DSSB - 2 肩梁 Mises 等效应力分布

梁翼缘板虽然对腹板受剪屈曲有一点约束作用，这里予以忽略，认为是四边简支板，此时系数 K 可以近似取用

$$K = 4.0 + 5.34 \left(\frac{h_0}{a}\right)^2 \quad (a/h_0 \leqslant 1) \tag{4-2}$$

$$K = 5.34 + 4.0 \left(\frac{h_0}{a}\right)^2 \quad (a/h_0 \geqslant 1) \tag{4-3}$$

双层肩梁的剪切临界应力 τ_{cr} 表达式为

$$\tau_{cr} = \begin{cases} f_v & (\lambda_s \leqslant 0.8) \\ [1 - 0.59(\lambda_s - 0.8)] f_v & (0.8 < \lambda_s \leqslant 1.2) \\ 1.1 \dfrac{f_v}{\lambda_s^2} & (\lambda_s > 1.2) \end{cases} \tag{4-4}$$

不同的受剪腹板正则化高厚比 λ_s 对应不同阶段的剪切临界应力 τ_{cr}，当 $\lambda_s > 1.2$ 时，腹板进入弹性失稳阶段。

λ_s 为用于受剪腹板的正则化高厚比，表达式为

$$\lambda_s = \frac{h_0/t_w}{41 \sqrt{4 + 5.34 \left(\frac{h_0}{a}\right)^2}} \cdot \frac{1}{\varepsilon_k} \quad \left(\frac{a}{h_0} \leqslant 1\right) \tag{4-5}$$

$$\lambda_s = \frac{\dfrac{h_0}{t_w}}{41\sqrt{5.34 + 4\left(\dfrac{h_0}{a}\right)^2}} \cdot \frac{1}{\varepsilon_k} \quad \left(\frac{a}{h_0} > 1\right) \quad (4-6)$$

一般双层肩梁计算区格腹板的跨高比 $\dfrac{a}{h_0}$ 不大于 1，对于 Q235 和 Q355，当腹板高厚比 $\dfrac{h_0}{t_w}$ 分别小于 100 和 80 时，$\tau_{cr} = f_v$，即腹板先屈服后屈曲，对于双层肩梁，需满足此高厚比的要求。

4.2.2 多肢中柱双层肩梁

4.2.2.1 试件破坏形态对比

以试件 DMJL-1、试件 TMJL-1、试件 QMJL-1 为例，三种多肢中柱双层肩梁的试验结果与有限元结果对比如图 4-18～图 4-20 所示。有限元模拟与试验结果吻合良好，试件均在下层肩梁受压区格发生破坏，肩梁腹板先屈服后屈曲，屈曲位置与试验相同。

（a）试验破坏形态

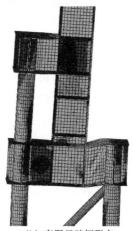

（b）有限元破坏形态

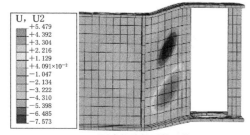

（c）下层肩梁腹板面外屈曲

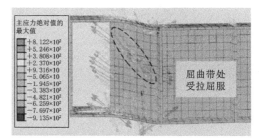

（d）腹板屈曲带到达受拉极限强度

图 4-18 试件 DMJL-1 试验结果与有限元结果对比

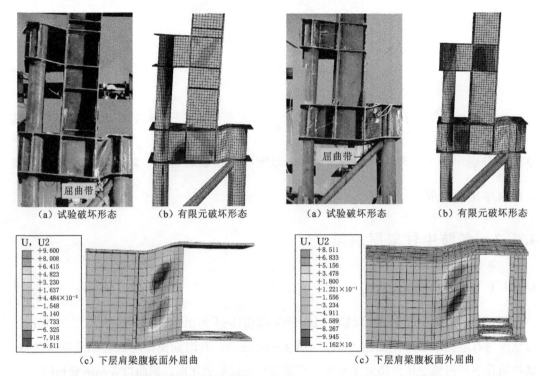

| （a）试验破坏形态 | （b）有限元破坏形态 | （a）试验破坏形态 | （b）有限元破坏形态 |

（c）下层肩梁腹板面外屈曲　　　　　　　　　　（c）下层肩梁腹板面外屈曲

图 4-19　试件 TMJL-1 试验结果与有限元结果对比　　图 4-20　试件 QMJL-1 试验结果与有限元结果对比

4.2.2.2　荷载-位移曲线对比分析

　　试验与有限元试件的荷载-位移曲线对比如图 4-21 所示。在试验研究中试件材料强度的离散性、加工质量、安装精度等因素都会对结构的受力性能产生一定影响；而在有限元计算中，由于钢材没有考虑屈服平台、灌浆料本构关系采用混凝土应力-应变曲线、试件的边界条件理想化等原因，不能完全模拟加载过程中试件的破坏过程。因此导致试验与有限元模拟的荷载-位移曲线并不能完全对应。总体而言，试验与有限元模拟的荷载-位移曲线吻合度较高。

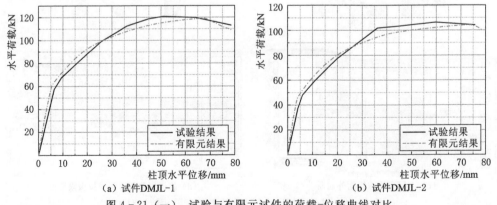

（a）试件 DMJL-1　　　　　　　　　　　　　　（b）试件 DMJL-2

图 4-21（一）　试验与有限元试件的荷载-位移曲线对比

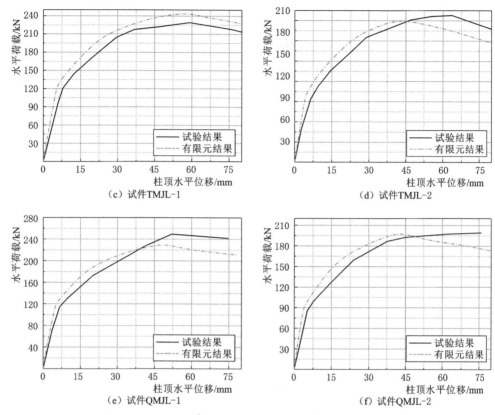

图 4-21（二）　试验与有限元试件的荷载-位移曲线对比

4.2.2.3　有限元模型应力分析

1. 腹板主应力

以试件 DMJL-1 有限元模型为例，在下层肩梁全截面屈服前，上、下层肩梁第三主应力分布如图 4-22 所示。由图 4-22 可知，在主应力方向方面，腹板第三主应力大致沿着 45°方向分布；在主应力大小方面，上、下层肩梁沿腹板对角线主应力最大，并向与对角线垂直的两侧逐渐降低，上层肩梁主应力远小于下层肩梁，下层肩梁加劲肋处直接承受柱翼缘板传递下来的轴力和弯矩，因此此处应力最大。

2. 肩梁腹板应力

（1）以试件 DMJL-1 有限元模型为例。模型屈服时的上、下层肩梁腹板应力云图如图 4-23 所示。上层肩梁腹板处于弹性状态，可以看出荷载沿腹板对角线传递，并向两侧扩散；而下层肩梁已经全截面屈服。

4—4 截面（图 4-22）的切应力如图 4-24（a）所示。在竖向荷载加载完成时，4—4 截面切应力向上，呈直线分布；随着水平荷载增加，截面切应力方向改变，近似

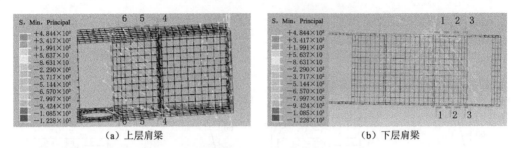

（a）上层肩梁　　　　　　　　　　　（b）下层肩梁

图 4-22　试件 DMJL-1 肩梁的第三主应力分布

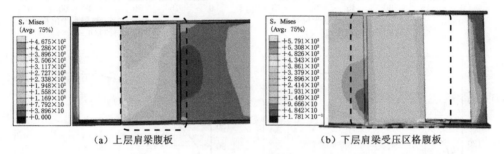

（a）上层肩梁腹板　　　　　　（b）下层肩梁受压区格腹板

图 4-23　试件 DMJL-1 肩梁腹板应力云图

呈直线分布。

1—1 截面的弯曲正应力及切应力如图 4-24（b）、图 4-24（c）所示。1—1 截面在水平荷载加载初期，正应力虽不呈直线分布，总体符合截面上部受压下部受拉，反弯点在中性面处；随着水平荷载施加，正应力分布非线性加强，截面上部及下部应力变化急剧增大，当水平荷载达到 70kN 时，正应力突然下降至较低水平。在荷载加载初期，切应力呈斜直线分布；随着水平荷载增加，截面上部切应力增长快于下部；当荷载超过 30kN 后，截面中部应力增加快于两边，呈两边大中间小分布。由以上曲线可知，肩梁较一般工字梁受力时，切应力并不符合平截面假定；从数值上看，腹板截面主要以切应力控制为主。

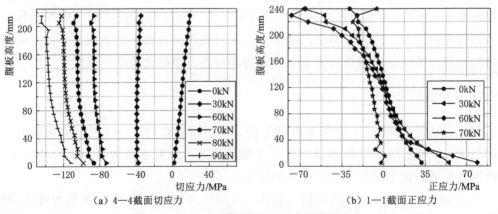

（a）4—4 截面切应力　　　　　　　　（b）1—1 截面正应力

图 4-24（一）　试件 DMJL-1 肩梁腹板应力

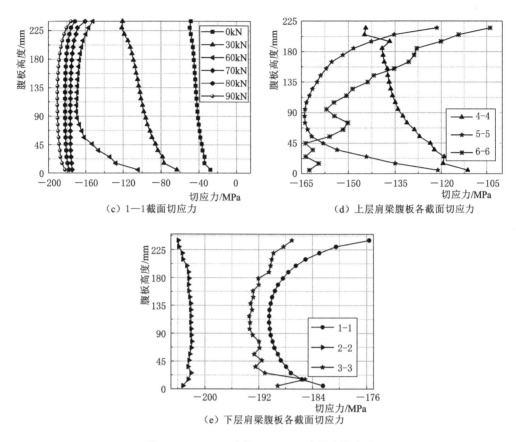

图 4-24（二） 试件 DMJL-1 肩梁腹板应力

试件 DMJL-1 屈服时（90kN），上、下层肩梁腹板截面切应力分布如图 4-24（d）、图 4-24（e）所示。上层肩梁 4—4 截面、6—6 截面切应力近似呈直线分布，5—5 截面切应力呈中间大两边小分布；从 3 条曲线可以看出，沿腹板对角线（4—4 截面上部、5—5 截面中部、6—6 截面下部）形成了一条切应力峰值带。下层肩梁 1—1 截面切应力呈中间大两边小分布，但差异不大；2—2 截面切应力最大，近似呈均匀分布；3—3 截面腹板切应力大小介于 1—1 截面、2—2 截面，但应力分布杂乱。总体而言，越靠近集中力作用处腹板截面切应力分布越不均匀。

（2）以试件 TMJL-1 有限元模型为例。模型屈服时上、下层肩梁腹板应力云图如图 4-25 所示。试件 TMJL-1 上层肩梁为单腹板式，竖向及水平荷载均由单腹板承担，所以试件屈服时，上下层肩梁腹板均进入弹塑性状态。

4—4 截面（截面位置如图 4-22）的切应力如图 4-26（a）所示。在水平荷载加载初期，截面切应力分布与试件 DMJL-1 相似；当水平荷载超过 130kN 后，截面切应力分布逐渐变为中间大两边小。

1—1 截面的弯曲正应力及切应力如图 4-26（b）、图 4-26（c）所示。在水平荷

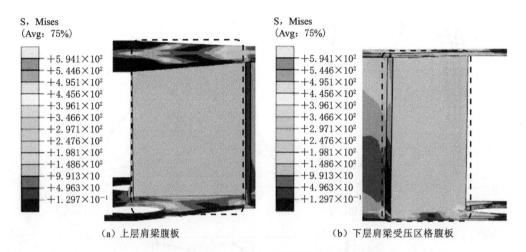

(a) 上层肩梁腹板　　　　　　　　(b) 下层肩梁受压区格腹板

图 4-25　试件 TMJL-1 肩梁腹板应力云图

载加载初期，正应力总体符合平截面假定；随着水平荷载施加，正应力分布非线性加强，当水平荷载达到 130kN 时，反弯点下移，截面受拉区仅有 30mm；当水平荷载达到 150kN 时，正应力突然降至较低水平。在荷载加载初期切应力呈斜直线分布，当荷载在 110～130kN 之间，截面中部应力增加迅速；荷载超过 130kN 后，截面切应力均匀分布。从数值上看，上层肩梁切应力与下层肩梁大致相同，说明三肢柱双层肩梁的上层肩梁也进入弹塑性状态。

试件 TMJL-1 屈服时（170kN），上、下层肩梁腹板不同截面切应力分布如图 4-26（d）、图 4-26（e）所示。上层肩梁 4—4 截面、6—6 截面的两端切应力快速降低，其余地方近似呈均匀分布，不能看出切应力峰值带；下层肩梁的 3 个截面切应力分布与试件 DMJL-1 相似。

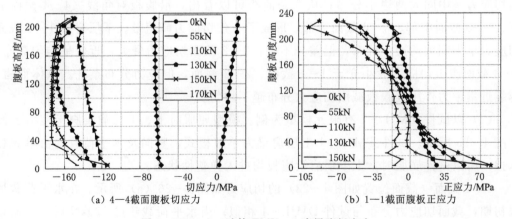

(a) 4—4 截面腹板切应力　　　　　　　　(b) 1—1 截面腹板正应力

图 4-26（一）　试件 TMJL-1 肩梁腹板应力

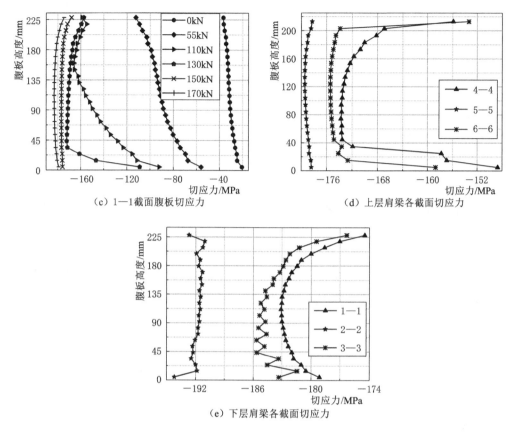

（c）1—1截面腹板切应力

（d）上层肩梁各截面切应力

（e）下层肩梁各截面切应力

图 4-26（二） 试件 TMJL-1 肩梁腹板应力

（3）以试件 QMJL-1 有限元模型为例。模型屈服时上、下层肩梁腹板应力云图如图 4-27 所示。上层肩梁腹板处于弹性状态，可以看出力沿腹板对角线传递，并向两侧扩散；而下层肩梁已经全截面屈服。

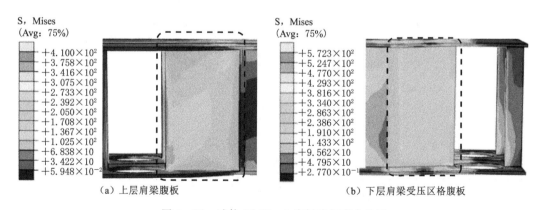

（a）上层肩梁腹板

（b）下层肩梁受压区格腹板

图 4-27 试件 QMJL-1 肩梁腹板应力云图

4—4 截面（具体位置如图 4-22）的切应力及 1—1 截面的弯曲正应力及切应力如

图 4-28（a）、图 4-28（b）、图 4-28（c）所示。正应力及切应力分布与试件 DMJL-1 相似；随着荷载增加，各截面应力分布非线性增强；当水平荷载超过 120kN，1—1 截面正应力开始下降；当荷载达到 160kN，截面正应力分布变得杂乱。

　　试件 QMJL-1 有限元模型屈服时（180kN），上、下层肩梁腹板截面 3 个截面切应力分布如图 4-28（d）、图 4-28（e）所示。其切应力分布与试件 DMJL-1 腹板切应力分布相似。

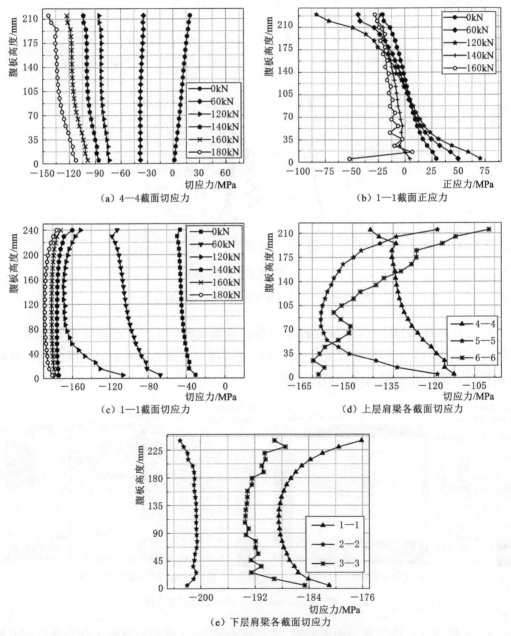

图 4-28　试件 QMJL-1 肩梁腹板应力

3. 肩梁翼缘板应力

（1）以试件 DMJL-1 有限元模型为例。模型屈服时上、下层肩梁翼缘板应力云图如图 4-29 所示。上层肩梁翼缘板在梁柱连接处应力集中，但影响范围较小。下层肩梁受力较大，翼缘板应力集中严重，其影响范围较小，在靠近钢管混凝土柱与腹板连接的翼缘板处，又逐渐增大至峰值应力。

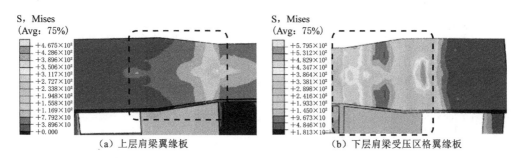

（a）上层肩梁翼缘板　　　　　　　　　（b）下层肩梁受压区格翼缘板

图 4-29　试件 DMJL-1 肩梁翼缘板应力云图

上层肩梁 4—4 截面、下层肩梁 1—1 截面所在上翼缘板在不同荷载作用下应力如图 4-30 所示。上层肩梁翼缘板在竖向荷载作用结束时全截面受压，呈两边小中间大分布；随着水平荷载的增加，翼缘板变为全截面受拉，翼缘板中部（与腹板连接处）应力增幅较两边更迅速，在水平荷载达到 90kN 时，翼缘板中部应力接近屈服，应力差值达到 190MPa。下层肩梁翼缘板应力同样呈中部大两边小的趋势，由中部向两边迅速降低并趋于平缓；当水平荷载到达 60kN 时，翼缘板中部已经屈服，并且应力差达到 210MPa，当水平荷载超过 60kN，应力最大点从翼缘板中部向两边移动。由翼缘板应力分布可以看出，上层肩梁翼缘板应力仅为下层肩梁翼缘板应力一半，并且翼缘板应力集中现象较为严重。

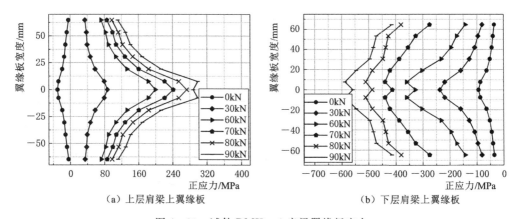

（a）上层肩梁上翼缘板　　　　　　　　　（b）下层肩梁上翼缘板

图 4-30　试件 DMJL-1 肩梁翼缘板应力

（2）以试件 TMJL-1 有限元模型为例。模型屈服时上、下层肩梁翼缘板应力云图如图 4-31 所示。上、下层肩梁翼缘板应力集中区域处的应力最大值接近屈服；随着离集中力作用越远，应力逐渐变小，在靠近钢管混凝土柱与腹板连接的翼缘板处，又逐渐增大至峰值应力。

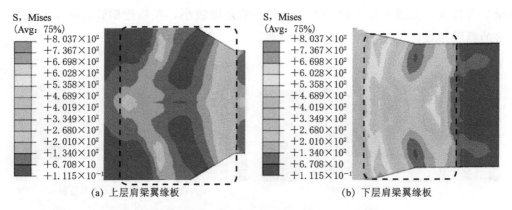

(a) 上层肩梁翼缘板　　　　　　　　(b) 下层肩梁翼缘板

图 4-31　试件 TMJL-1 肩梁翼缘板应力云图

上层肩梁 4—4 截面、下层肩梁 1—1 截面所在上翼缘板正应力如图 4-32 所示。上层肩梁翼缘板在竖向荷载作用结束时全截面受压，呈两边小中间大分布；随着水平荷载的增加，翼缘板变为全截面受拉，翼缘板中部正应力集中现象越来越严重，在水平荷载达到 110kN 时，翼缘板中部应力接近屈服。下层肩梁翼缘板全截面受压，应力最大点出现在翼缘板中间，并没有出现在翼缘板与腹板连接处，这是因为下层肩梁双腹板交汇于同一柱上，间距较小，应力在翼缘板中部有叠加；当荷载达到 110kN 时，翼缘板中部已经屈服。

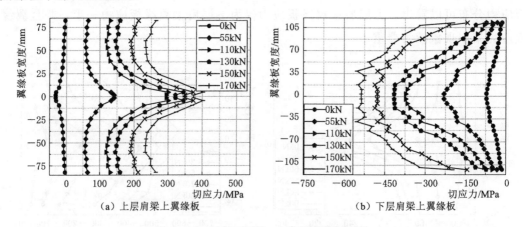

(a) 上层肩梁上翼缘板　　　　　　　　(b) 下层肩梁上翼缘板

图 4-32　试件 TMJL-1 肩梁翼缘板应力

（3）以试件 QMJL-1 有限元模型为例。模型屈服时上、下层肩梁翼缘板应力云图如图 4-33 所示。其翼缘板应力分布与试件 DMJL-1 翼缘板应力分布相似，均在与腹板连接处的翼缘板应力产生应力集中，下层肩梁翼缘板应力集中更为严重。

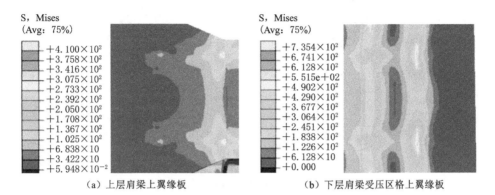

（a）上层肩梁上翼缘板　　　　　　　　　（b）下层肩梁受压区格上翼缘板

图 4-33　试件 QMJL-1 肩梁翼缘板应力云图

上层肩梁 4—4 截面、下层肩梁 1—1 截面所在上翼缘板应力如图 4-34 所示。上层肩梁翼缘板在竖向荷载作用结束时全截面受压，翼缘板与腹板连接处的应力最大；随着水平荷载的增加，全截面受拉，并且翼缘板与腹板处的应力增大迅速，应力集中明显。下层肩梁应力在翼缘板与腹板连接处附近达到最大，翼缘板两侧应力值最小；当水平荷载到达 160kN 时，翼缘板中部已经接近屈服。

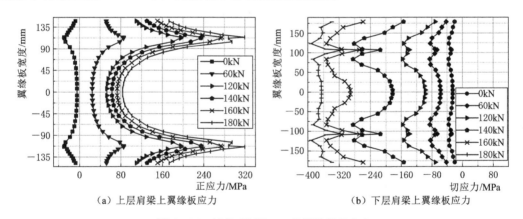

（a）上层肩梁上翼缘板应力　　　　　　　（b）下层肩梁上翼缘板应力

图 4-34　试件 QMJL-1 肩梁翼缘板应力

4. 中段柱内肢底部截面腹板应力

（1）以试件 DMJL-1 有限元模型为例。中段柱内肢底部截面腹板正应力、切应力如图 4-35 所示。由图 4-35（a）可知，腹板仅受竖向荷载时，由于构件不对称，导致截面两端的正应力并不是对称分布；随着水平荷载的施加，腹板右侧正应力增长迅速，并且当水平荷载超过 30kN 后，腹板截面左侧出现拉应力。由图 4-35（b）可知，腹板切应力呈斜直线分布，截面左侧大于截面右侧。

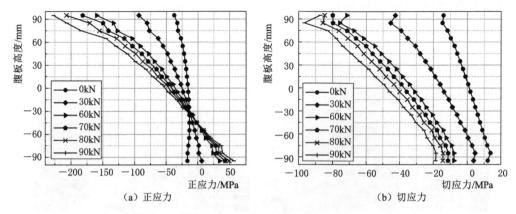

（a）正应力　　　　　　　　　　　　　（b）切应力

图 4-35　试件 DMJL-1 中段柱内肢底部截面腹板应力

　　中段柱内肢底部截面右翼缘板正应力如图 4-36 所示。翼缘板正应力随着水平荷载增加，应力集中现象越来越明显，并且当水平荷载超过 60kN 后，应力最大值向截面两侧扩展，截面应力差值达到 123MPa。对比图 4-35 可知，翼缘板承担正应力大于腹板。

　　加载到试件屈服时中段柱内肢底部截面翼缘板与腹板轴力如图 4-37 所示。中段柱内肢左侧翼缘板受拉右侧翼缘板受压，且翼缘板内力远大于腹板内力，此规律与截面应力规律相互印证。在多肢中柱双层肩梁承载力公式中，可以忽略腹板轴力，仅计算中段柱内肢翼缘板处轴力即可。

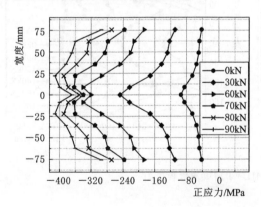

图 4-36　试件 DMJL-1 中段柱内肢
底部截面右翼缘板正应力

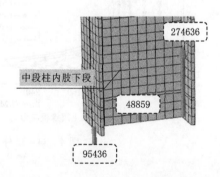

图 4-37　试件 DMJL-1 中段柱内肢
底部截面轴力（单位：N）

　　（2）以试件 TMJL-1 有限元模型为例。中段柱内肢底部截面右翼缘板正应力如图 4-38 所示。翼缘板全截面受压，在下层肩梁两腹板处正应力达到峰值，越远离肩梁腹板应力值越低。

　　试件屈服时，中段柱内肢底部截面轴力如图 4-39 所示。翼缘板承担轴力远

大于腹板轴力，说明中段柱内肢截面内力可以简化为作用于左右翼缘板处的两个
集中力。

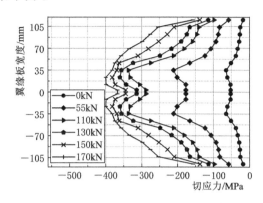

图 4-38　试件 TMJL-1 中段柱内肢底部
截面右翼缘板正应力

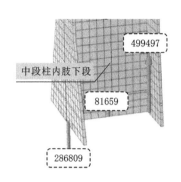

图 4-39　试件 TMJL-1 中段柱内肢底部
截面轴力（单位：N）

（3）以试件 QMJL-1 有限元模型为例。中段柱内肢底部截面右翼缘板正应力如
图 4-40 所示。加载到试件屈服时，中段柱内肢底部截面轴力如图 4-41 所示。

由图 4-40 可知，随着水平荷载增加，翼缘板正应力在翼缘板与腹板连接处达到
最大；各级荷载下应力分布与试件 DMJL-1 相似。由图 4-41 可知，中段柱内肢翼
缘板承受轴力远大于腹板。

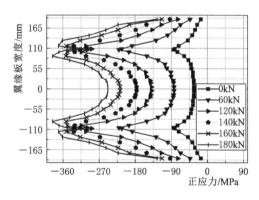

图 4-40　试件 QMJL-1 中段柱内肢底部
截面右翼缘板正应力

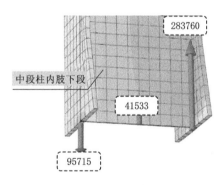

图 4-41　试件 QMJL-1 中段柱内肢底部
截面轴力（单位：N）

4.2.2.4　上层肩梁分配的竖向荷载

多肢中柱双层肩梁由于有上层肩梁的存在，因此下层肩梁只分配到部分竖向荷
载。以试件 DMJL-1、试件 TMJL-1、试件 QMJL-1 为例，得到在竖向荷载加载过
程中上层肩梁分配的竖向荷载及比例，如图 4-42 所示。可以看出，试件 DMJL-1
上层肩梁分配的竖向荷载很小，约占竖向荷载的 12.00%；随着竖向荷载的增大，上

层肩梁分配的竖向荷载随线性增长，但其占比逐渐下降，从 12.02% 降至 11.95%，下降很小。其余试件的上层肩梁分配的竖向荷载趋势与试件 DMJL-1 相似，仅数值略有不同。

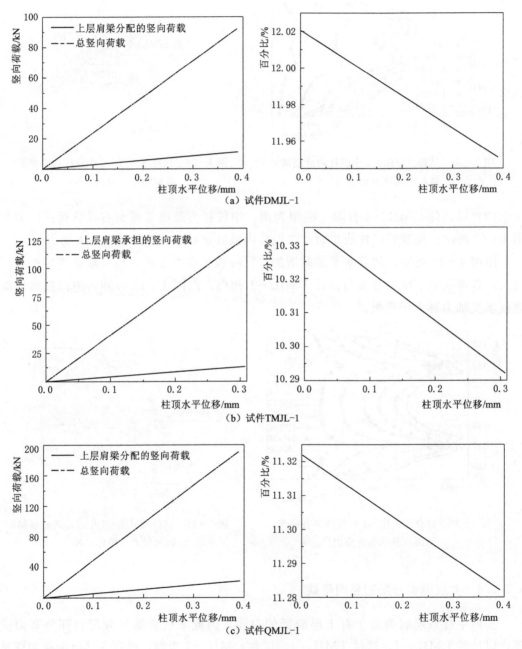

（a）试件 DMJL-1

（b）试件 TMJL-1

（c）试件 QMJL-1

图 4-42　上层肩梁分配的竖向荷载及比例

4.3 双层肩梁承载力有限元参数分析

4.3.1 多肢边柱双层肩梁

4.3.1.1 腹板剪力分析

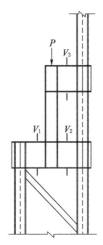

双层肩梁在承受竖向荷载时，对肩梁会产生三部分的剪力，分别为上层肩梁的 V_3、下层肩梁中段柱内肢两侧的 V_1 和 V_2，如图 4-43 所示。竖向荷载 P 在向下层肩梁传导过程中折减为 N，并产生弯矩 M（图 4-44），由于弯矩 M 的存在，使两个简化后的集中力 P_1 和 P_2 并不相等，即剪力 V_1 和 V_2 有所不同。

通过建立试验对应的有限元模型，对其施加竖向荷载，随着 P 不断增大，上、下层肩梁承担荷载及比例统计见表 4-12～表 4-14。从表中结果可知，下层肩梁内肢侧截面剪力值与单层肩梁作用竖向荷载 P 时剪力时几乎是一样的，即 $V_1 = P(a-b)/a$。对于单层肩梁，竖向荷载作用下上段柱两侧的剪力值存在确定的关系。在双层肩梁构件受力弹性阶段，也存在类似的关系，即 $V_1/(V_2+V_3) = (a-b)/b$，这里可把双层肩梁构件等效为一根变截面的单层肩梁，外肢侧上、下层肩梁整体考虑（图 4-45）。其中：a_1 为中段柱内肢截面高度；a 为下段柱内外肢中心线间距；b 为中段柱内肢中心线与下段柱内肢中心线间距（以下简称中段柱内肢中心距）。

图 4-43 边柱双层肩梁竖向荷载受力简图

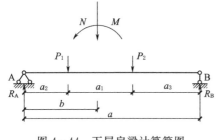

图 4-44 下层肩梁计算简图

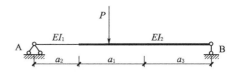

图 4-45 双层肩梁等效受力简图

在下层肩梁（内肢侧和外肢侧）未全截面屈服前，上层肩梁分配的剪力处于一个并不是很高的水平，且分配比例基本不变，最大是试件 DSSB-3，约为 15%，最小为试件 DSSB-1，约为 10%，这是因为在中段柱内肢向外肢偏移的过程中，上、下层肩梁的刚度比发生变化，上层肩梁分配的剪力逐渐增大。试件 DSSB-3 下层肩梁外肢侧腹板全截面屈服后，主要依靠下层肩梁内肢侧部分和上层肩梁继续承受荷载，两部分均未屈服，承载力还有提升，为满足两侧剪力值一定的比例关系，此时上层肩梁剪力值开始非线性增长，与下层肩梁外肢侧腹板全截面屈服前相比，增速明显加快。

下层肩梁外肢侧截面的剪力值在中段柱内肢自内向外偏移的过程中所占竖向荷载 P 的份额一直在增大，在中段柱内肢中心线距下段柱内肢中心线的距离 b 为 350（试件参数 c_1 为 240mm）时，荷载承担份额已经超过内侧，这一侧的剪力值用现有的公式无法得知。

表 4-12　　　　　试件 DSSB-1 肩梁承担荷载及比例统计表

阶段	位移 U/mm	竖向荷载 P/kN	上层肩梁		下层肩梁			
			V_3/kN	承担比例 V_3/P/%	V_1/kN	承担比例 V_1/P/%	V_2/kN	承担比例 V_2/P/%
弹性	0.25	88.03	9.45	10.74	51.89	58.95	26.69	30.32
	0.50	175.74	18.80	10.70	103.60	58.95	53.30	30.33
弹塑性	0.88	231.77	24.37	10.51	133.20	57.47	74.16	32.00
	1.25	250.10	25.81	10.32	139.00	55.58	85.27	34.09
	1.34	253.90	26.08	10.27	140.00	55.14	87.81	34.59
	1.38	255.22	26.16	10.25	140.30	54.97	88.73	34.77
	1.43	257.11	26.29	10.23	140.70	54.72	90.08	35.04
	1.51	259.80	26.46	10.18	141.30	54.39	92.04	35.43

表 4-13　　　　　试件 DSSB-2 肩梁承担荷载及比例统计表

阶段	位移 U/mm	竖向荷载 P/kN	上层肩梁		下层肩梁			
			V_3/kN	承担比例 V_3/P/%	V_1/kN	承担比例 V_1/P/%	V_2/kN	承担比例 V_2/P/%
弹性	0.25	84.59	10.53	12.45	42.65	50.42	31.41	37.13
	0.50	168.97	20.94	12.39	85.28	50.47	62.75	37.14
弹塑性	0.88	256.66	31.31	12.20	127.50	49.68	97.85	38.12
	1.02	264.00	31.92	12.09	129.00	48.86	103.00	39.02
	1.23	273.55	32.77	11.98	130.60	47.74	110.10	40.25
	1.44	282.04	33.76	11.97	131.90	46.77	116.40	41.27
	1.49	284.00	34.06	11.99	132.10	46.51	117.80	41.48

表 4-14　　　　　试件 DSSB-3 肩梁承担荷载及比例统计表

阶段	位移 U/mm	竖向荷载 P/kN	上层肩梁		下层肩梁			
			V_3/kN	承担比例 V_3/P/%	V_1/kN	承担比例 V_1/P/%	V_2/kN	承担比例 V_2/P/%
弹性	0.25	85.68	12.48	14.57	35.91	41.91	37.29	43.52
	0.50	171.10	24.81	14.50	71.81	41.97	74.48	43.53
	0.88	288.87	42.77	14.81	121.40	42.03	124.70	43.17

阶段	位移 U/mm	竖向荷载 P/kN	上层肩梁		下层肩梁			
			V_3/kN	承担比例 V_3/P/%	V_1/kN	承担比例 V_1/P/%	V_2/kN	承担比例 V_2/P/%
弹塑性	1.25	312.75	55.15	17.63	127.60	40.80	130.00	41.57
	1.34	316.47	57.82	18.27	128.10	40.48	130.60	41.27
	1.44	320.01	60.46	18.89	128.50	40.16	131.10	40.97
	1.58	325.07	64.33	19.79	128.90	39.65	131.80	40.55
	1.79	332.27	70.01	21.07	129.40	38.94	132.80	39.97

4.3.1.2 下层肩梁腹板全截面屈服顺序

在边柱双层肩梁的构造型式下，下层肩梁外肢侧腹板的屈服可能早于内侧，试件 DSSB-3、试件 TSSB-3 及试件 QSSB-3 模型即为这种情况，但两侧剪力值接近，屈服几乎是同时发生，不能很好地观测下层肩梁外侧腹板对双层肩梁构件屈服荷载的影响，因此建立有限元模型 DSSB-1～模型 DSSB-4，尺寸见表 4-15。受下层肩梁翼缘板 1:2.5 放坡要求的影响，中段柱内肢直接向外侧偏移的方式无法实现，因此通过改变中段柱内肢截面高度的方式来实现下层肩梁外肢侧剪力值大于内肢侧。

表 4-15　　　　模型 DSSB-1～模型 DSSB-4 与其他试件尺寸对比表

类型	编号	a_1/mm	c_1/mm	c_2/mm
双肢试件	DSSB-1	220	60	160
	DSSB-2	220	110	110
	DSSB-3	220	160	60
	DSSB-4	160	220	60

双肢模型荷载-位移曲线如图 4-46 所示，其中纵轴处的标记位置对应下层肩梁内肢侧腹板全截面屈服时的外荷载，模型 DSSB-1、模型 DSSB-2、模型 DSSB-3、模型 DSSB-4 依次为 212kN、247kN、297kN、337kN。

观察模型 DSSB-1、模型 DSSB-2 的荷载-位移曲线可以发现，二者拐入弹塑性阶段的时刻基本为下层肩梁内肢侧腹板全截面屈服的时刻，由于肩梁的高跨比一般为 0.4～0.6，属于短深梁，截面弯矩所起到的作用很小，主要是剪力控制的，肩梁近下柱内肢侧部分剪力恒等，这一侧的肩梁腹板几乎同时屈服，塑性带形成很快，此后随着荷载的持续增加，肩梁变形速度加快。

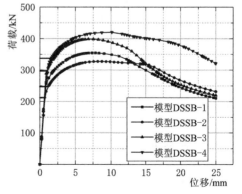

图 4-46　双肢模型荷载-位移曲线

观察模型 DSSB-3、模型 DSSB-4，下层肩梁外肢侧剪力值高于内肢侧，腹板全截面屈服最先发生在外肢侧腹板。模型 DSSB-4 外肢侧腹板全截面屈服时对应的外荷载约为 242kN，从荷载-位移曲线可以看出，此后随着荷载的增加，承载力增长并未明显放缓，直至下层肩梁内肢侧腹板斜压带进入塑性（图 4-47），荷载-位移曲线的斜率开始明显降低，可知下层肩梁外肢侧腹板的全截面屈服并不能作为计算双层肩梁构件弹性承载力依据，因此对于下层肩梁外肢侧剪力值大于内肢侧剪力，且两侧剪力差值较大的情况，构件的屈服仍可以下层肩梁内肢侧腹板屈服为标志。对于模型 DSSB-3 这种情况，下层肩梁外肢侧剪力虽然大于内肢侧，但两侧剪力相差较小，外肢侧腹板全截面屈服后，内肢侧也基本屈服，所以此种情况下同样可以以下层肩梁内肢侧腹板全截面屈服作为计算双层肩梁构件弹性承载力依据。

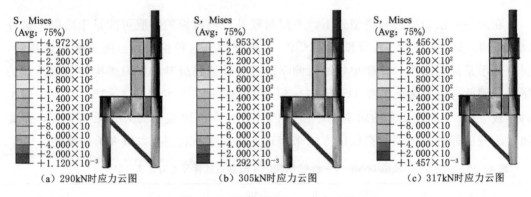

(a) 290kN时应力云图　　　　(b) 305kN时应力云图　　　　(c) 317kN时应力云图

图 4-47　试件 DSSB-4 应力云图

4.3.1.3　边柱双层肩梁受力性能参数分析

由前文分析可知，以中段柱内肢为界，两侧的肩梁内力满足一定的几何关系，即 $V_1/(V_2+V_3)=(a-b)/b$。依照此关系，可求下层肩梁外肢侧剪力以及上层肩梁和下层肩梁外肢侧总剪力，但外肢侧上、下两层肩梁之间剪力的分配情况无从得知，因此需要通过改变双层肩梁的各个参数，以找到外肢侧上、下两层肩梁剪力分配的规律。下层肩梁跨高比 λ，中段柱内肢截面高度 a_1，中段柱内肢高度 H，中段柱内肢中心距 b，上层肩梁高度 h_1，各参数对双层肩梁剪力承担情况的影响见表 4-16。从前文分析可知，三肢柱和四肢柱双层肩梁受力型式和承载规律与双肢柱试件相似，因此主要分析不同参数对双肢柱试件的影响，并选取影响较大的参数，对三肢柱和四肢柱双层肩梁进行分析。

1. 上层肩梁截面高度

上层肩梁截面高度直接影响上下层肩梁的相对刚度，其他参数相同的情况下，只改变上层肩梁截面高度，上层肩梁所占外肢侧部分的剪力 $V_3/(V_2+V_3)$ 随肩梁高度增加而增大，外肢侧腹板有所降低，而内肢侧腹板剪力几乎没有变化，具体结果见表 4-17，并如图 4-48、图 4-49 所示。可知上层肩梁高度变化时，上层肩梁承担剪力比例的变化幅度约为 3%，对试件承载性能影响较小。

表 4-16　　　　　　　　　　各参数对双层肩梁剪力承担情况的影响

类型	跨高比	中段柱内肢截面高度/mm	中段柱内肢高度/mm	中段柱内肢中心距/mm	上层肩梁高度/mm	剪力值/N			剪力承担比例/%		
						V_3	V_2	V_1	$V_3/(V_2+V_3)$	V_2/P	V_1/P
双肢柱	0.4	220	690	250	180	119.30	373.90	706.80	24.19	31.16	58.93
	0.4	220	690	250	240	129.30	363.80	706.90	26.22	30.32	58.94
	0.4	220	690	250	300	137.20	355.80	707.00	27.83	29.65	58.92
	0.4	220	690	300	180	139.20	456.30	604.50	23.38	38.03	50.38
	0.4	220	690	300	240	150.00	445.40	604.60	25.19	37.12	50.38
	0.4	220	690	300	300	158.40	436.90	604.70	26.61	36.41	50.39
	0.4	220	690	350	180	164.80	533.10	502.10	23.61	44.43	41.84
	0.4	220	690	350	240	175.60	522.10	502.20	25.17	43.51	41.85
	0.4	220	690	350	300	184.20	513.50	502.30	26.40	42.79	41.86
	0.4	160	690	300	240	111.00	485.70	603.30	18.60	40.48	50.28
	0.4	300	690	300	240	196.40	397.60	606.00	33.06	33.13	50.50
	0.4	220	865	300	240	144.00	451.70	604.40	24.17	37.64	50.36
	0.4	220	1040	300	240	139.50	456.30	604.20	23.41	38.03	50.35
	0.5	220	690	300	180	127.30	468.30	604.40	21.37	39.03	50.37
	0.5	220	690	300	240	136.90	458.60	604.50	22.99	38.22	50.38
	0.5	220	690	300	300	144.50	450.90	604.60	24.27	37.58	50.38
	0.6	220	690	300	180	118.90	476.80	604.30	19.96	39.73	50.36
	0.6	220	690	300	240	127.60	468.00	604.40	21.42	39.00	50.37
	0.6	220	690	300	300	134.90	460.70	604.40	22.65	38.39	50.37
三肢柱	0.4	160	690	300	240	231.7	959.8	1207	19.45	40.02	50.32
	0.4	220	690	300	240	306.3	878.0	1211	25.86	36.66	50.56
	0.4	300	690	300	240	395.8	781.7	1214	33.61	32.69	50.76
四肢柱	0.4	160	690	300	240	227.5	968.5	1204	19.02	40.35	50.17
	0.4	220	690	300	240	303.4	889.9	1208	25.43	37.06	50.31
	0.4	300	690	300	240	390.5	796.9	1212	32.89	33.21	50.51

表 4 - 17　　　　　　　　　　上层肩梁截面高度对剪力承担情况的影响

类型	跨高比	中段柱内肢截面高度/mm	中段柱内肢高度/mm	中段柱内肢中心距/mm	上层肩梁高度/mm	剪力值/N			剪力承担比例/%		
						V_3	V_2	V_1	$V_3/(V_2+V_3)$	V_2/P	V_1/P
双肢柱	0.4	220	690	250	180	119.30	373.90	706.80	24.19	31.16	58.93
	0.4	220	690	250	240	129.30	363.80	706.90	26.22	30.32	58.94
	0.4	220	690	250	300	137.20	355.80	707.00	27.83	29.65	58.92
	0.4	220	690	300	180	139.20	456.30	604.50	23.38	38.03	50.38
	0.4	220	690	300	240	150.00	445.40	604.60	25.19	37.12	50.38
	0.4	220	690	300	300	158.40	436.90	604.70	26.61	36.41	50.39
	0.4	220	690	350	180	164.80	533.10	502.10	23.61	44.43	41.84
	0.4	220	690	350	240	175.60	522.10	502.20	25.17	43.51	41.85
	0.4	220	690	350	300	184.20	513.50	502.30	26.40	42.79	41.86
	0.5	220	690	300	180	127.30	468.30	604.40	21.37	39.03	50.37
	0.5	220	690	300	240	136.90	458.60	604.50	22.99	38.22	50.38
	0.5	220	690	300	300	144.50	450.90	604.60	24.27	37.58	50.38
	0.6	220	690	300	180	118.90	476.80	604.30	19.96	39.73	50.36
	0.6	220	690	300	240	127.60	468.00	604.40	21.42	39.00	50.37
	0.6	220	690	300	300	134.90	460.70	604.40	22.65	38.39	50.37

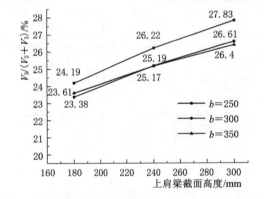

图 4 - 48　中段柱内肢中心距和上层肩梁
高度对上层肩梁剪力承担比例的影响

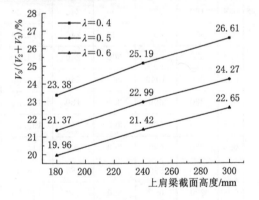

图 4 - 49　下层肩梁跨高比和上层肩梁截面
高度对上层肩梁剪力承担比例的影响

2. 中段柱内肢中心距

　　中段柱内肢中心距 b 为中段柱内肢中心线距下段柱内肢中心线的距离。中段柱内肢中心距对剪力承担情况的影响见表 4-18，在上层肩梁截面高度、跨高比一定的情况下，随着中段柱内肢中心距的增大，上层肩梁剪力值与外肢侧腹板剪力值不断增加，而内肢侧腹板剪力值逐渐下降，这是由于随着中段柱内肢位置的改变，下层肩梁内肢侧和外肢侧的刚度也在变化，刚度越大，所承担的剪力越小。

由图 4-48 可知，上层肩梁所占外肢侧总剪力 $V_3/(V_2+V_3)$ 变化幅度很小，仅为 1% 左右，所以中段柱内肢中心距地变化可以改变内肢侧剪力值的大小，但无法改变外肢侧上下层肩梁剪力的分配比例。

表 4-18　　　　　　　　　中段柱内肢中心距对剪力承担情况的影响

类型	跨高比	中段柱内肢截面高度/mm	中段柱内肢高度/mm	中段柱内肢中心距/mm	上层肩梁高度/mm	剪力值/N			剪力承担比例/%		
						V_3	V_2	V_1	$V_3/(V_2+V_3)$	V_2/P	V_1/P
双肢柱	0.4	220	690	250	180	119.30	373.90	706.80	24.19	31.16	58.93
	0.4	220	690	250	240	129.30	363.80	706.90	26.22	30.32	58.94
	0.4	220	690	250	300	137.20	355.80	707.00	27.83	29.65	58.92
	0.4	220	690	300	180	139.20	456.30	604.50	23.38	38.03	50.38
	0.4	220	690	300	240	150.00	445.40	604.60	25.19	37.12	50.38
	0.4	220	690	300	300	158.40	436.90	604.70	26.61	36.41	50.39
	0.4	220	690	350	180	164.80	533.10	502.10	23.61	44.43	41.84
	0.4	220	690	350	240	175.60	522.10	502.20	25.17	43.51	41.85
	0.4	220	690	350	300	184.20	513.50	502.30	26.40	42.79	41.86

3. 下层肩梁跨高比

下层肩梁跨高比对剪力承担情况的影响见表 4-19，随着下层肩梁跨高比的增大，上层肩梁所占外肢侧部分总剪力的比值有所减小，原因在于下层肩梁的刚度增大，上、下两肩梁刚度比发生变化，计算结果表明这种变化所引起的截面剪力的变化幅度仅为 3%（图 4-49），影响不显著。

表 4-19　　　　　　　　　下层肩梁跨高比对剪力承担情况的影响

类型	跨高比	中段柱内肢截面高度/mm	中段柱内肢高度/mm	中段柱内肢中心距/mm	上层肩梁高度/mm	剪力值/N			剪力承担比例/%		
						V_3	V_2	V_1	$V_3/(V_2+V_3)$	V_2/P	V_1/P
双肢柱	0.4	220	690	300	180	139.20	456.30	604.50	23.38	38.03	50.38
	0.4	220	690	300	240	150.00	445.40	604.60	25.19	37.12	50.38
	0.4	220	690	300	300	158.40	436.90	604.70	26.61	36.41	50.39
	0.5	220	690	300	180	127.30	468.30	604.40	21.37	39.03	50.37
	0.5	220	690	300	240	136.90	458.60	604.50	22.99	38.22	50.38
	0.5	220	690	300	300	144.50	450.90	604.60	24.27	37.58	50.38
	0.6	220	690	300	180	118.90	476.80	604.30	19.96	39.73	50.36
	0.6	220	690	300	240	127.60	468.00	604.40	21.42	39.00	50.37
	0.6	220	690	300	300	134.90	460.70	604.40	22.65	38.39	50.37

4. 中段柱内肢高度

中段柱内肢高度对剪力承担情况的影响见表 4-20，随着中段柱内肢高度的增大，上层肩梁占外肢侧部分总剪力份额减小，原因在于截面形状不变，中段柱内肢高度的增大引起中段柱内肢的线刚度的减小，造成与上层肩梁的线刚度比减小，从而对上层肩梁的约束减弱，不过其截面剪力的变化幅度也仅为 2% （图 4-50）。

表 4-20　　　　　　　　　　中段柱内肢高度对剪力承担情况的影响

类型	跨高比	中段柱内肢截面高度/mm	中段柱内肢高度/mm	中段柱内肢中心距/mm	上层肩梁高度/mm	剪力值/N			剪力承担比例/%		
						V_3	V_2	V_1	$V_3/(V_2+V_3)$	V_2/P	V_1/P
双肢柱	0.4	220	690	300	240	150.00	445.40	604.60	25.19	37.12	50.38
	0.4	220	865	300	240	144.00	451.70	604.40	24.17	37.64	50.36
	0.4	220	1040	300	240	139.50	456.30	604.20	23.41	38.03	50.35

5. 中段柱内肢截面高度

中段柱内肢位于下层肩梁中部，上层肩梁高度取 0.4 倍的下柱内外肢中心距时，上层肩梁的剪力份额较大，且尺寸具有普遍性，因此本节固定上述提及参数来研究中段柱内肢截面高度变化对各肩梁剪力的影响，具体结果见表 4-21。

随着中段柱内肢截面高度的增大，上层肩梁所占外肢侧总剪力的份额增大。与下层肩梁的跨高比、中段柱内肢中心距、上层肩梁截面高度对比可见，内肢柱截面高度的变化对上层肩梁与下层肩梁近外肢侧部分的剪力影响要大于上述其他参数，究其原因，在于随着中段柱内肢截面高度的增大，其对上层肩梁的嵌固作用增大，在同等的竖向位移下，上层肩梁所承受的剪力就越多。

中段柱内肢截面高度对上层肩梁剪力承担比例影响最大，其余参数对其剪力值分配的影响均在 5% 以下，其中三肢及四肢柱双层肩梁同样有此规律，如图 4-51 所示。由图 4-51 可知，其不仅规律相同，上层肩梁承担外肢侧剪力比例也相近。

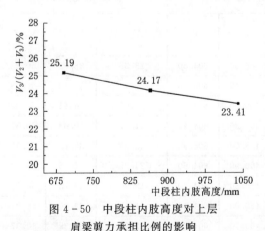

图 4-50　中段柱内肢高度对上层
肩梁剪力承担比例的影响

表 4 - 21　　　　　　　　　中段柱内肢截面高度对剪力承担情况的影响

类型	跨高比	中段柱内肢截面高度/mm	中段柱内肢高度/mm	中段柱内肢中心距/mm	上层肩梁高度/mm	剪力值/N			剪力承担比例/%		
						V_3	V_2	V_1	$V_3/(V_2+V_3)$	V_2/P	V_1/P
双肢柱	0.4	220	690	300	240	150.00	445.40	604.60	25.19	37.12	50.38
	0.4	160	690	300	240	111.00	485.70	603.30	18.60	40.48	50.28
	0.4	300	690	300	240	196.40	397.60	606.00	33.06	33.13	50.50
三肢柱	0.4	160	690	300	240	231.7	959.8	1207	19.45	40.02	50.32
	0.4	220	690	300	240	306.3	878.0	1211	25.86	36.66	50.56
	0.4	300	690	300	240	395.8	781.7	1214	33.61	32.69	50.76
四肢柱	0.4	160	690	300	240	227.5	968.5	1204	19.02	40.35	50.17
	0.4	220	690	300	240	303.4	889.9	1208	25.43	37.06	50.31
	0.4	300	690	300	240	390.5	796.9	1212	32.89	33.21	50.51

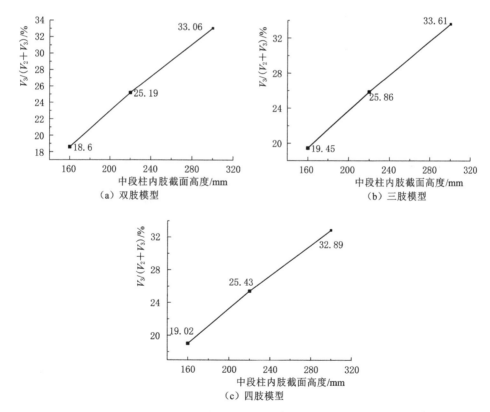

图 4 - 51　中段柱内肢截面高度对上层肩梁剪力承担比例的影响

4.3.2　多肢中柱双层肩梁

4.3.2.1　中柱双层肩梁受力性能参数分析

依据有限元分析，随着肩梁跨高比的减小，梁的变形方式由弯曲变形向剪切变形过渡，因此，有必要研究肩梁的跨高比对模型承载力的影响；多肢中柱双层肩梁由于有上层肩梁的存在，影响了柱顶竖向荷载的分配，因此，有必要研究上层肩梁的截面高度对模型承载力的影响；中段柱内肢截面高度会影响柱顶水平荷载的分配，并会改变下层肩梁的竖向集中荷载作用位置，因此，有必要研究中段柱内肢截面高度对模型承载力的影响。因此，后文主要选取了下层肩梁跨高比 k（以下简称跨高比）、下层肩梁短跨方向跨高比 d（以下简称短跨跨高比）、上层肩梁与下层肩梁截面高度比 φ（以下简称高度比）和中段柱内肢与下层肩梁截面高度比 λ（以下简称柱梁高度比）等参数，为探究以上单参数变化的影响规律，所有模型的中段柱内肢均放置于下层肩梁中部。多肢中柱双层肩梁主要参数分析一览表见表 4-22。

模型编号中的第一字母代表多肢中柱双层肩梁的类别，如"D"代表"double"，即双肢中柱双层肩梁；模型编号的第二个字母代表关键参数简称的首个汉字的首字母，如"G"代表"高度比"。

表 4-22　　　　　　　　　多肢中柱双层肩梁主要参数分析一览表

类　型	主要参数	取　值	模型编号
双肢中柱双层肩梁	高度比 φ	0.85、1.10、1.33、1.57	DG-01～DG-12
	柱梁高度比 λ	视情况而定	DZ-01～DZ-20
	跨高比 k	2.0、2.5、3.2、4.0	DK-01～DK-11
三肢中柱双层肩梁	高度比 φ	1.0、1.2、1.5、1.8	TG-01～TG-12
	柱梁高度比 λ	视情况而定	TZ-01～TZ-18
	跨高比 k	2.0、2.6、3.3、4.0	TK-01～TK-12
四肢中柱双层肩梁	短跨跨高比 d	1.0、1.5、2.0、2.5	QD-01～QD-16
	柱梁高度比 λ	视情况而定	QZ-01～QZ-16
	跨高比 k	2.0、2.5、3.2、4.0	QK-01～QK-12

1. 高度比

（1）为研究上层肩梁与下层肩梁高度比对双肢中柱双层肩梁受力性能的影响，建立 12 个有限元模型，模型编号及相关参数见表 4-23。

表 4 - 23　　　　　　　模型 DG - 01～模型 DG - 12 编号及相关参数

模型编号	k	φ	模型编号	k	φ
DG - 01		0.85	DG - 07		1.33
DG - 02	2.0	1.10	DG - 08	3.0	1.57
DG - 03		1.33	DG - 09		0.85
DG - 04		1.57	DG - 10	4.0	1.10
DG - 05	3.0	0.85	DG - 11		1.33
DG - 06		1.10	DG - 12		1.57

　　不同高度比模型 DG - 01～模型 DG - 12 的荷载-位移曲线如图 4 - 52 所示。由图 4 - 52 可知，各模型前期荷载-位移曲线在弹性及弹塑性段几乎重合在一起，高度比变化对双肢中柱双层肩梁水平承载力几乎没有影响。在加载后期，当下层肩梁高跨比为 3.0～4.0 时，模型的下层肩梁腹板发生面外屈曲时的位移有差异，导致承载力下降有所差异。总体而言，高度比在 0.85～1.00 之间取值时，模型既经济又安全，并且受力性能较好，本书建议高度比不宜小于 0.85。

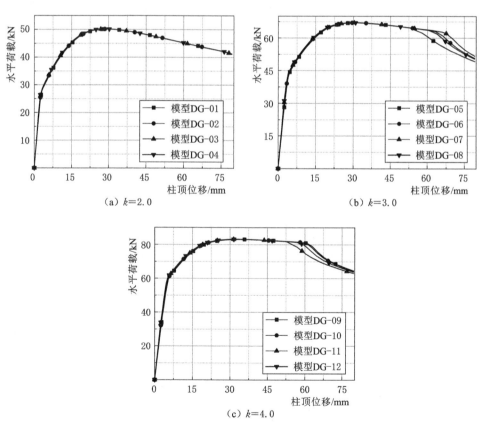

（a）$k=2.0$　　　　　　　　（b）$k=3.0$

（c）$k=4.0$

图 4 - 52　不同高度比模型 DG - 01～模型 DG - 12 的荷载-位移曲线

　　高度比影响下模型 DG - 01～模型 DG - 12 结果见表 4 - 24，并如图 4 - 53 所示。

在承载力方面，模型屈服、极限荷载变化很小，可忽略不计；在位移方面，屈服位移随着上层肩梁截面高度增加有轻微下降的趋势。考虑到使用通用屈服弯矩法作图的误差，可以看出，高度比的取值对模型的受力性能影响非常小。

表 4-24　　　　　高度比影响下模型 DG-01～模型 DG-12 结果

模型编号	位移/mm		荷载/kN		模型编号	位移/mm		荷载/kN	
	屈服	最大	屈服	最大		屈服	最大	屈服	最大
DG-01	7.54	28.88	35.93	50.13	DG-07	7.49	50.52	30.43	67.05
DG-02	7.35	28.47	35.80	50.14	DG-08	7.39	50.64	30.09	67.06
DG-03	7.50	29.13	36.30	50.17	DG-09	8.94	34.42	66.70	83.05
DG-04	6.97	28.33	35.62	50.19	DG-10	8.42	34.58	66.19	83.12
DG-05	8.64	29.56	51.84	66.98	DG-11	7.95	34.03	65.94	83.13
DG-06	7.89	31.15	50.97	67.04	DG-12	8.16	33.57	66.32	83.17

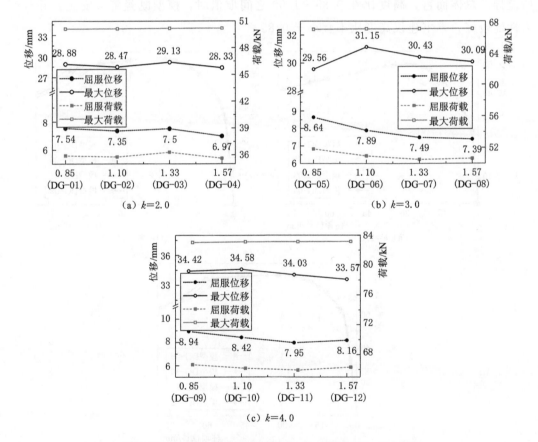

图 4-53　高度比影响下模型 DG-01～模型 DG-12 结果

　　（2）为研究上层肩梁高度对三肢中柱双层肩梁受力性能的影响，建立 12 个有限元模型，模型编号及相关参数见表 4-25。

表 4 - 25　　　　　　　　　模型 TG - 01～模型 TG - 12 编号及相关参数

模型编号	k	φ	模型编号	k	φ
TG - 01		1.0	TG - 07		1.5
TG - 02		1.2	TG - 08	3.0	1.8
TG - 03	2.0	1.5	TG - 09		1.0
TG - 04		1.8	TG - 10		1.2
TG - 05		1.0	TG - 11	4.0	1.5
TG - 06	3.0	1.2	TG - 12		1.8

12 个模型柱顶荷载-位移曲线如图 4 - 54 所示。由图 4 - 54 可知，随着上、下层肩梁截面高度比 φ 的增加，模型初始刚度有小幅的增加，荷载-位移曲线在弹性及弹塑性段几乎重合在一起，并且 φ 对各模型水平承载力几乎没有影响。通过对各个模型加载过程中应力云图的比较，当 k 值越小，相同 φ 值的模型的上层肩梁腹板应力越大，为了保证上层肩梁腹板在受力过程中处于弹性状态，本书建议 φ 不宜小于 1.2。

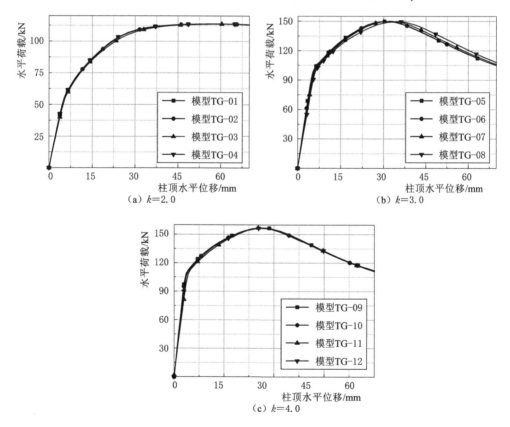

图 4 - 54　不同高度比模型 TG - 01～模型 TG - 12 的荷载-位移曲线

12 个模型的结果见表 4 - 26，并如图 4 - 55 所示。在承载力方面，模型屈服、极限荷载变化很小，波动范围在 1kN 以内，可忽略不计；在位移方面，屈服位移与最大位移上下波动范围在1.5mm以内，可以看出高度比对模型的受力性能影响非常小。

表4-26　　　　　　高度比影响下模型 TG-01～模型 TG-12 结果

模型编号	位移/mm		荷载/kN		模型编号	位移/mm		荷载/kN	
	屈服	最大	屈服	最大		屈服	最大	屈服	最大
TG-01	15.39	57.46	87.5	113.73	TG-07	10.8	34.55	116.97	148.9
TG-02	16.10	57.92	87.97	113.53	TG-08	10.34	33.94	117.17	148.96
TG-03	15.53	56.32	87.19	113.63	TG-09	6.79	25.41	121.50	156.43
TG-04	15.32	57.46	87.38	113.73	TG-10	7.20	25.32	122.01	156.75
TG-05	11.79	35.01	117.92	149.58	TG-11	6.48	25.46	120.95	156.44
TG-06	11.04	33.67	117.28	150.13	TG-12	6.28	26.12	120.97	156.98

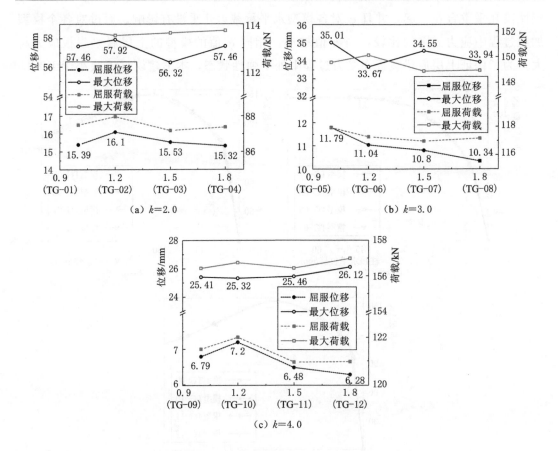

图4-55　高度比影响下模型 TG-01～模型 TG-12 结果

2. 短跨跨高比

为了研究下层肩梁短跨跨高比 d 对四肢中柱双层肩梁受力性能的影响，建立了16个模型，模型编号及相关参数见表4-27。

表 4 - 27		模型 QD - 01～模型 QD - 16 编号及相关参数			
模型编号	k	d	模型编号	k	d
QD - 01		1.0	QD - 09		1.0
QD - 02	2.0	1.5	QD - 10	3.2	1.5
QD - 03		2.0	QD - 11		2.0
QD - 04		2.5	QD - 12		2.5
QD - 05		1.0	QD - 13		1.0
QD - 06	2.5	1.5	QD - 14	4.0	1.5
QD - 07		2.0	QD - 15		2.0
QD - 08		2.5	QD - 16		2.5

16 个模型的柱顶水平荷载-位移曲线如图 4 - 56 所示。当 k 一定时，各个模型的初始刚度及模型线弹性段的承载力几乎一样，并且随着 d 增大，模型的最大承载力增大，这是因为当 d 增大时，下层肩梁翼缘板截面面积增大，并承担一部分剪力。

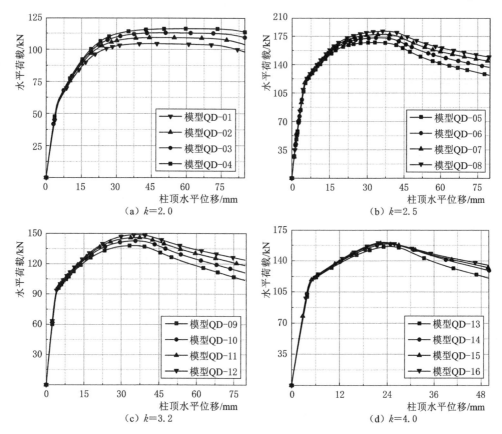

图 4 - 56 不同短跨跨高比模型 QD - 01～模型 QD - 16 的荷载-位移曲线

16 个模型的结果见表 4 - 28，并如图 4 - 57 所示。可以看出，在承载力方面，随着 d 增加，模型的特征荷载均近似呈线性增加，以模型 QD - 01～模型 QD - 04 为例，

随着 d 增加，模型的屈服荷载较模型 QD-01 依次增加了 2.30%、5.40%、8.90%，极限荷载较模型 QD-01 依次增加了 4.50%、8.00%、11.20%；随着 k 的增大，各模型屈服荷载增大幅度在降低，当 $k=4.0$ 时，屈服承载力的增加基本可以忽略。在位移方面，当 k 为 2.0~3.2 时，随着 d 增加，模型的屈服位移、最大位移均呈线性增长；当 k 为 4.0 时，随着 d 增加，模型的最大位移减小。

表 4-28　　　　短跨跨高比影响下模型 QD-01~模型 QD-16 结果

模型编号	QD-01	QD-02	QD-03	QD-04	QD-05	QD-06	QD-07	QD-08
屈服位移/mm	12.22	12.26	12.72	13.32	8.64	8.77	9.15	9.36
屈服荷载/kN	79.814	81.63	84.12	86.95	132.24	133.28	136.60	139.20
屈服荷载/模型 $d=1$ 的屈服荷载	1.000	1.023	1.054	1.089	1.000	1.008	1.033	1.053
极限位移/mm	45.29	48.83	51.99	63.83	32.67	34.31	35.16	36.31
极限荷载/kN	104.38	109.11	112.78	116.04	161.94	173.16	177.38	181.20
模型编号	QD-09	QD-10	QD-11	QD-12	QD-13	QD-14	QD-15	QD-16
屈服位移/mm	7.80	7.86	7.96	8.03	7.24	7.33	7.35	7.40
屈服荷载/kN	104.41	106.01	106.50	107.48	124.81	126.14	126.81	127.43
屈服荷载/模型 $d=1$ 的屈服荷载	1.000	1.015	1.020	1.029	1.000	1.011	1.016	1.021
极限位移/mm	34.70	35.70	36.40	37.04	25.18	23.73	23.36	23.01
极限荷载/kN	138.06	142.69	145.98	148.81	156.05	158.89	160.02	160.69

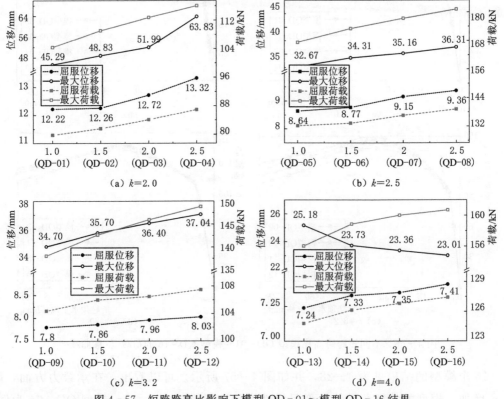

图 4-57　短跨跨高比影响下模型 QD-01~模型 QD-16 结果

3. 柱梁高度比

（1）为研究中段柱内肢与下层肩梁截面高度比对双肢中柱双层肩梁受力性能的影响，建立 20 个有限元模型，模型编号及相关参数见表 4-29。

表 4-29　　　　　　　　模型 DZ-01～模型 DZ-20 编号及相关参数

模型编号	k	λ	模型编号	k	λ
DZ-01		0.5	DZ-11		0.7
DZ-02		0.6	DZ-12		1.1
DZ-03	2.0	0.7	DZ-13	3.2	1.4
DZ-04		0.8	DZ-14		1.6
DZ-05		1.0	DZ-15		2.0
DZ-06		0.6	DZ-16		0.7
DZ-07		0.7	DZ-17		1.6
DZ-08	2.5	0.9	DZ-18	4.0	2.0
DZ-09		1.1	DZ-19		2.5
DZ-10		1.4	DZ-20		2.6

不同柱梁高度比的荷载-位移曲线如图 4-58 所示。由图 4-58（a）可知，当 $k=2.0$ 时，随着 λ 的增大，模型的最大承载力增大，加载后期模型承载力下降缓慢，肩梁腹板出现屈曲带时的位移变大，模型的延性较好；当 $\lambda>0.8$ 后，模型承载力会大幅度上升，主要原因为中柱翼缘板靠近下层肩梁支座，下层肩梁受压区格太小，塑性铰不能扩展，屈曲带不能形成，模型的下层肩梁腹板真实应变达到 0.25，钢材接近断裂，模型破坏型式变为脆性破坏。由图 4-58（b）可知，当 $k=2.5$ 时，随着 λ 的增大，模型加载后期承载力比 $k=2.0$ 时下降快，模型延性变差。由图 4-58（c）可知，当 $k=3.2$ 时，模型水平位移加载到大约 55mm 后下层肩梁腹板出现面外屈曲，承载力下降较快，图 4-58（a）、图 4-58（b）加载后期模型的受力性能变差。由图 4-58（d）可知，当 $k=4.0$ 时，模型的承载力最大；当 $\lambda>2.5$ 后，模型破坏模式变为脆性破坏。综上可知，随着 k 的增大，模型的承载力会增加，但模型的延性会变差；随着 λ 增大，模型的承载力会增加，但当 λ 增大到一定值后，模型破坏型式会变为脆性破坏。因此，在承载力计算公式中将 λ 作为影响双层肩梁承载力的主要参数。

20 个模型的结果见表 4-30，并如图 4-59 所示。在模型承载力方面，当 k 一定时，随着 λ 增大，模型屈服荷载与极限荷载均近似呈抛物线增长；在位移方面，随着 λ 增大，模型屈服位移呈抛物线下降，当 λ 增大到临界状态时，模型的最大位移会大幅上升，当 $k>3.2$ 后，随着 λ 增大，模型最大位移呈线性增长。

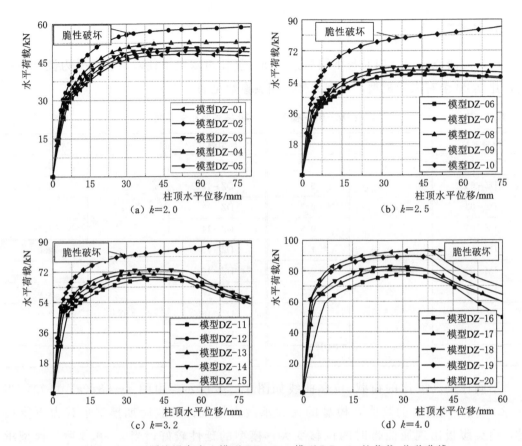

图 4-58　不同柱梁高度比模型 DZ-01～模型 DZ-20 的荷载-位移曲线

表 4-30　　　　　柱梁高度比影响下模型 DZ-01～模型 DZ-20 结果

模型编号	位移/mm		荷载/kN		模型编号	位移/mm		荷载/kN	
	屈服	最大	屈服	最大		屈服	最大	屈服	最大
DZ-01	12.85	53.01	35.93	47.98	DZ-11	11.30	42.47	44.24	58.16
DZ-02	12.21	55.28	36.89	49.38	DZ-12	10.28	44.95	43.87	58.54
DZ-03	11.16	57.25	37.09	50.49	DZ-13	9.02	46.11	45.00	60.72
DZ-04	10.71	60.99	38.81	52.66	DZ-14	8.55	64.24	46.82	63.25
DZ-05	—				DZ-15	—			
DZ-06	9.93	40.18	52.78	67.33	DZ-16	9.81	30.16	64.32	77.50
DZ-07	7.22	36.72	52.44	68.83	DZ-17	5.73	28.21	64.02	80.97
DZ-08	6.23	36.27	53.21	70.80	DZ-18	4.92	27.47	64.78	82.73
DZ-09	6.03	40.25	54.75	73.14	DZ-19	4.48	31.02	69.30	86.39
DZ-10	—				DZ-20	—			

（2）为研究中段柱内肢与下层肩梁截面高度比对三肢中柱双层肩梁受力性能的影响，建立 18 个有限元模型，模型编号及相关参数见表 4-31。

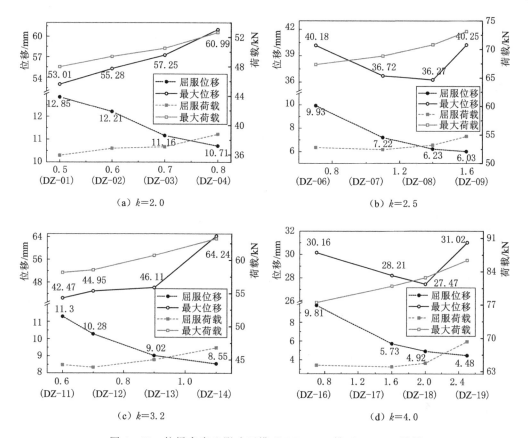

（a）$k=2.0$　　　　　　　　　（b）$k=2.5$

（c）$k=3.2$　　　　　　　　　（d）$k=4.0$

图 4-59　柱梁高度比影响下模型 DZ-01～模型 DZ-20 结果

表 4-31　　　　　　　　模型 TZ-01～模型 TZ-18 编号及相关参数

模型编号	k	λ	模型编号	k	λ
TZ-01		0.60	TZ-10		1.00
TZ-02		0.65	TZ-11		1.30
TZ-03	2.0	0.70	TZ-12	3.2	1.60
TZ-04		0.75	TZ-13		1.90
TZ-05		0.80	TZ-14		1.00
TZ-06		0.60	TZ-15		1.60
TZ-07		0.80	TZ-16		2.20
TZ-08	2.5	1.00	TZ-17	4.0	2.50
TZ-09		1.20	TZ-18		2.70

　　不同柱梁高度比模型 TZ-01～模型 TZ-18 的荷载-位移曲线如图 4-60 所示。当 k 一定时，λ 越大，模型初始刚度越大。由图 4-60（a）可知，当 $k=2.0$ 时，使模型发生延性破坏的 λ 取值范围很小，大约为 0.60～0.75；当 $k=2.0$ 时，较取其他 k 值时的模型的承载力较低，但其延性更好。由图 4-60（b）可知，当 $k=2.5$ 时，

模型 TZ-06 的中段柱内肢上段发生弯剪破坏，模型的承载力小于预期；其余 3 个模型随着 λ 增大，模型极限荷载增幅加快。由图 4-60（c）可知，当 k 为 3.2 时，λ 从 1.0 增加至 1.3，模型极限荷载没有增长，当 λ 大于 1.3 后，模型极限荷载增长加快，并且模型的延性有所改善。当 k 为 4.0 时，各模型荷载-位移曲线与图 4-60（c）相似；当 λ＝2.7 时，模型 TZ-18 发生脆性破坏。综上可知，λ 对双层肩梁承载力影响较大，因此 λ 将作为水平承载力计算公式中的主要参数。

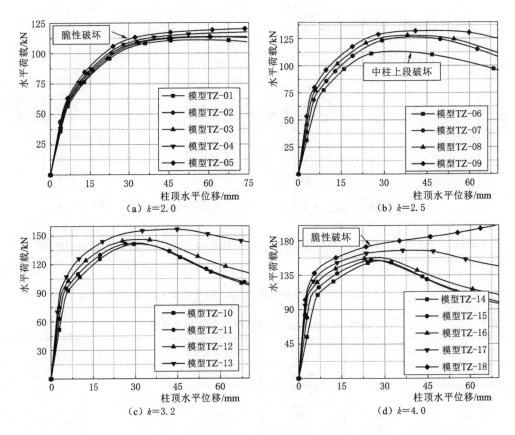

图 4-60　不同柱梁高度比模型 TZ-01～模型 TZ-18 的荷载-位移曲线

18 个模型的结果见表 4-32，并如图 4-61 所示。在承载力方面，随着 λ 值增大，各模型的屈服荷载降低，并且降低的趋势减缓，模型极限荷载呈抛物线上升。在位移方面，随着 λ 值增大，各模型的屈服位移与最大位移均呈抛物线上升。综上可知，λ 值增加，模型的受力性能改善，下层肩梁腹板钢材利用率高；随着跨高比 k 的增加，模型出现脆性破坏时 λ 值变大。

（3）为研究柱梁高度比对四肢中柱双层肩梁受力性能的影响，在保证其他参数相同的前提下（下层肩梁短跨跨高比统一取 1），建立了 16 个模型，模型编号及相关参数见表 4-33。

表 4-32 柱梁高度比影响下模型 TZ-01~TZ-18 结果

模型编号	位移/mm		荷载/kN		模型编号	位移/mm		荷载/kN	
	屈服	最大	屈服	最大		屈服	最大	屈服	最大
TZ-01	17.53	54.94	87.00	110.92	TZ-10	11.38	31.94	110.11	141.44
TZ-02	17.09	56.34	87.82	113.12	TZ-11	9.39	29.01	109.15	142.33
TZ-03	15.98	60.35	87.30	113.55	TZ-12	8.11	32.58	110.91	146.02
TZ-04	16.02	70.75	89.43	117.02	TZ-13	7.49	43.24	117.23	156.59
TZ-05	—	—	—	—	TZ-14	10.94	29.6	123.26	153.85
TZ-06	14.43	32.36	92.85	113.28	TZ-15	7.66	25.32	121.27	154.95
TZ-07	14.05	39.21	97.81	126.47	TZ-16	5.79	28.41	122.49	158.16
TZ-08	12.19	38.26	97.58	127.95	TZ-17	5.58	39.29	129.38	167.28
TZ-09	10.98	45.12	98.63	132.15	TZ-18	—	—	—	—

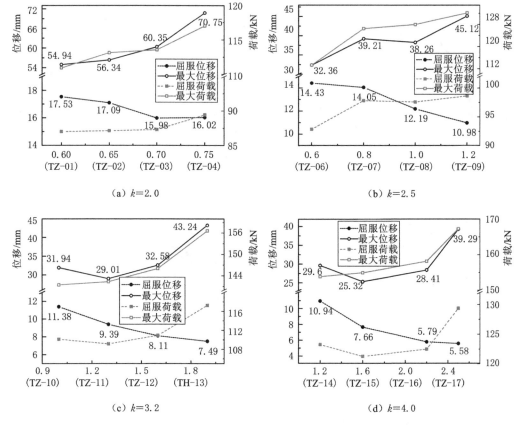

图 4-61 柱梁高度比影响下模型 TZ-01~模型 TZ-18 结果

16 个模型的柱顶水平荷载-位移曲线如图 4-62 所示。当跨高比 k 一定时，随着 λ 增大，模型的初始刚度及最大承载力增加，并且模型延性变好。由图 4-62 可知，随着 k 增加，下层肩梁出现塑性铰变早，加载后期模型承载力加速下降，延性变差。

表 4-33　　　　　　　　　　模型 QZ-01~模型 QZ-16 编号及相关参数

模型编号	k	λ	模型编号	k	λ
QZ-01		0.4	QZ-09		0.7
QZ-02	2.0	0.5	QZ-10	3.2	1.1
QZ-03		0.6	QZ-11		1.5
QZ-04		0.7	QZ-12		1.8
QZ-05		0.5	QZ-13		0.7
QZ-06	2.5	0.8	QZ-14	4.0	1.3
QZ-07		1.1	QZ-15		1.9
QZ-08		1.4	QZ-16		2.5

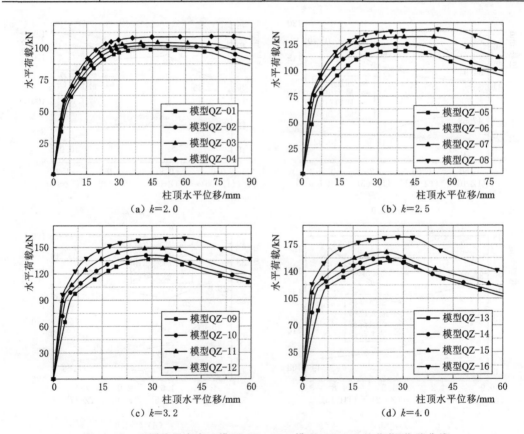

图 4-62　不同柱梁高度比模型 QZ-01~模型 QZ-16 的荷载-位移曲线

16 个模型的结果见表 4-34，并如图 4-63 所示。在承载力方面，随着 λ 增大，模型特征荷载近似呈抛物线上升；在位移方面，随着 λ 增大屈服位移降低，由于模型接近于脆性破坏，最大位移增加。

表 4-34　　　　　柱梁高度比影响下模型 QZ-01～模型 QZ-16 结果

模型编号	位移/mm		荷载/kN		模型编号	位移/mm		荷载/kN	
	屈服	最大	屈服	最大		屈服	最大	屈服	最大
QZ-01	14.54	44.15	76.67	98.87	QZ-09	9.64	30.41	105.98	136.88
QZ-02	13.48	44.88	78.75	102.01	QZ-10	7.51	30.07	106.72	141.14
QZ-03	12.33	45.29	80.06	104.38	QZ-11	6.36	30.09	110.83	148.83
QZ-04	11.88	77.39	81.92	109.21	QZ-12	5.81	39.29	118.11	160.57
QZ-05	12.44	38.02	91.39	118.09	QZ-13	9.61	27.42	126.09	154.04
QZ-06	9.72	36.69	93.29	124.74	QZ-14	6.41	23.96	124.96	158.17
QZ-07	8.28	45.24	97.34	131.84	QZ-15	5.05	23.34	127.32	164.94
QZ-08	8.47	53.79	102.63	139.05	QZ-16	5.12	30.32	142.75	184.98

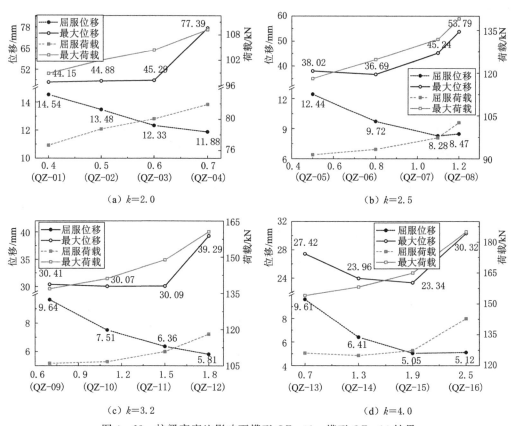

图 4-63　柱梁高度比影响下模型 QZ-01～模型 QZ-16 结果

4. 跨高比

（1）为了研究下层肩梁跨高比对双肢中柱双层肩梁受力性能的影响，建立 11 个有限元模型，模型编号及相关参数见表 4-35。

表 4 - 35　　　　　　　　　　模型 DK - 01～模型 DK - 11 编号及相关参数

模型编号	λ	k	模型编号	λ	k
DK - 01		2.0	DK - 07	0.7	3.2
DK - 02	0.5	2.5	DK - 08		4.0
DK - 03		3.2	DK - 09		2.5
DK - 04		4.0	DK - 10	1.1	3.2
DK - 05	0.7	2.0	DK - 11		4.0
DK - 06		2.5			

　　11 个模型的荷载-位移曲线如图 4 - 64 所示。从图 4 - 64（a）可以看出，在 λ 一定时，随着 k 的增大，模型线弹性段承载力、最大承载力增加，最大位移降低，下层肩梁更早出现屈曲带，模型延性变差；当 λ 为 0.5 时，模型 DK - 04 的中段柱内肢上段过早屈服，模型承载力小于预期，发生脆性破坏，延性差。图 4 - 64（b）、图 4 - 64（c）中模型的变化规律和图 4 - 64（a）相似。总体可以看出，k 的改变对模型承载力影响较大。因此，在承载力计算公式中应该将 k 作为关键因素。

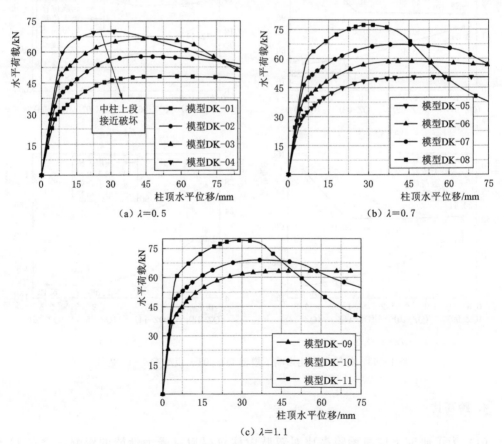

（a）λ=0.5　　　　　　　　　　　　（b）λ=0.7

（c）λ=1.1

图 4 - 64　不同跨高比模型 DK - 01～模型 DK - 11 的荷载-位移曲线

11个模型的结果见表4-36，并如图4-65所示。随着 k 的增加，模型的屈服荷载及极限荷载线性增长，而最大位移呈下降趋势。除模型DK-04外，各模型屈服位移变化不大。

表4-36 跨高比影响下模型DK-01~模型DK-11结果

模型编号	位移/mm		荷载/kN		模型编号	位移/mm		荷载/kN	
	屈服	最大	屈服	最大		屈服	最大	屈服	最大
DK-01	11.16	57.25	37.09	50.49	DK-07	9.93	40.18	52.78	67.33
DK-02	12.24	44.96	43.79	57.61	DK-08	9.81	30.16	64.32	77.50
DK-03	11.99	45.78	53.18	66.37	DK-09	8.55	64.24	46.82	63.25
DK-04	10.48	28.93	62.23	70.05	DK-10	7.22	36.72	52.44	68.83
DK-05	10.75	57.25	36.97	50.49	DK-11	7.26	28.89	63.80	79.16
DK-06	9.85	43.72	43.36	58.55					

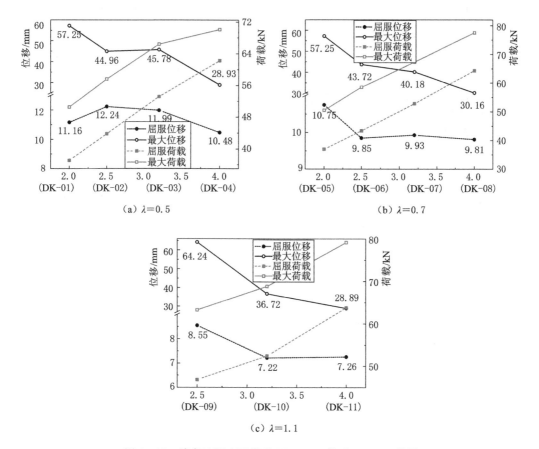

图4-65 跨高比影响下模型DK-01~模型DK-11结果

（2）为了研究下层肩梁跨高比 k 对三肢中柱双层肩梁受力性能的影响，建立了12个模型，模型编号及相关参数见表4-37。

表 4 - 37　　　　　　模型 TK - 01～模型 TK - 12 编号及相关参数

模型编号	λ	k	模型编号	λ	k
TK - 01		2.0	TK - 07	1.2	4.0
TK - 02	0.8	2.5	TK - 08		2.5
TK - 03		3.2	TK - 09	1.6	3.2
TK - 04		4.0	TK - 10		4.0
TK - 05	1.2	2.5	TK - 11	1.9	3.2
TK - 06		3.2	TK - 12		4.0

　　12 个模型的柱顶荷载-位移曲线如图 4 - 66 所示。由图 4 - 66（a）可以看出，随着下层肩梁跨高比 k 的增大，模型线弹性段荷载和极限荷载有较大提升，但模型延性变差；模型 TK - 04 中段柱内肢上段接近屈服。图 4 - 66（b）、图 4 - 66（c）的模型的变化规律和图 4 - 66（a）相似，模型 TK - 08 发生脆性破坏。由图 4 - 66 可以看出，模型 TK - 11 承载力与 TK - 12 接近，这是因为模型 TK - 11 已经接近脆性破坏。综上可知，k 对模型承载力影响较大。

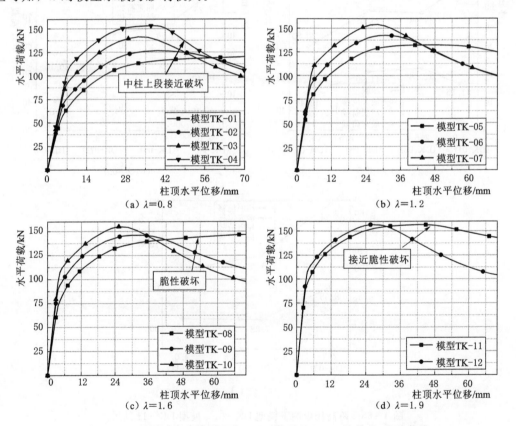

图 4 - 66　不同跨高比模型 TK - 01～模型 TK - 12 的荷载-位移曲线

　　12 个模型的结果见表 4 - 38，并如图 4 - 67 所示。由图 4 - 67（a）可以看出，在承载力方面,随着 k 值增大,模型的屈服荷载及极限荷载均呈线性增加;在位移方面,屈服位移呈线性下降,最大位移先下降后上升。图 4-67(b)中各模型的结果与图 4-67(a)相似。

表 4-38　　　跨高比影响下模型 TK-01～模型 TK-12 结果

模型编号	位移/mm		荷载/kN		模型编号	位移/mm		荷载/kN	
	屈服	最大	屈服	最大		屈服	最大	屈服	最大
TK-01	15.09	74.40	89.86	120.06	TK-07	9.43	28.01	121.82	153.96
TK-02	14.10	39.21	97.90	126.47	TK-08	—	—	—	—
TK-03	13.26	32.33	111.42	141.28	TK-09	8.04	32.58	110.72	146.02
TK-04	12.81	38.18	124.86	153.05	TK-10	7.66	25.32	121.18	154.85
TK-05	10.90	45.12	99.58	132.15	TK-11	7.43	43.24	116.96	156.59
TK-06	9.97	30.62	109.30	142.44	TK-12	6.62	25.66	121.30	156.70

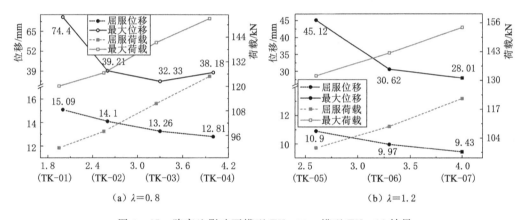

(a) $\lambda=0.8$　　　　　　　(b) $\lambda=1.2$

图 4-67　跨高比影响下模型 TK-01～模型 TK-12 结果

(3)为研究跨高比对四肢中柱双层肩梁受力性能的影响,在保证其他因素相同的前提下(短跨跨高比 d 统一取 1),建立了 12 个模型,模型编号及相关参数见表 4-39。

表 4-39　　　　模型 QK-01～模型 QK-12 编号及相关参数

模型编号	λ	k	模型编号	λ	k
QK-01		2.0	QK-07	1.1	4.0
QK-02	0.7	2.5	QK-08		2.5
QK-03		3.2	QK-09	1.6	3.2
QK-04		4.0	QK-10		4.0
QK-05	1.1	2.5	QK-11	2.0	3.2
QK-06		3.2	QK-12		4.0

12 个模型的柱顶水平荷载-位移曲线如图 4-68 所示。由图 4-68（a）可知，当 λ =
0.7 时，随着 k 的增加，模型线弹性段承载力、最大承载力增加，模型线弹性段承载力、
最大承载力增加，但最大位移降低，并且加载后期模型承载力下降加快。图 4-68（b）与
图 4-68（a）的荷载-位移曲线趋势大致相同。由图 4-68（c）、图 4-68（d）可知，随着
λ 增大，模型发生延性破坏时 k 会相应增大。

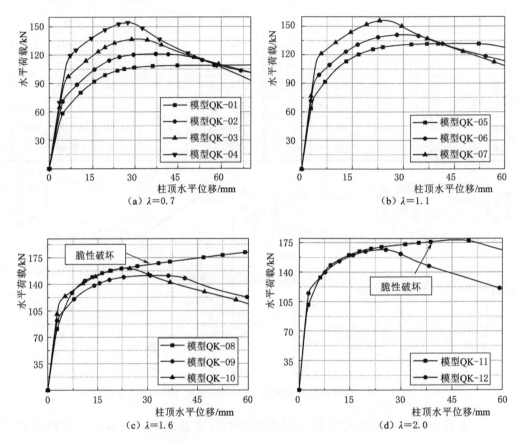

图 4-68 不同跨高比模型 QK-01～模型 QK-12 的荷载-位移曲线

12 个模型的结果见表 4-40，并如图 4-69 所示。从图 4-69（a）可以看出，在
承载力方面，随着 k 的增大，模型的屈服、最大承载力均近似呈抛物线增加；在位移
方面，随着 k 的增大，模型的屈服、最大位移均呈抛物线降低，模型的延性变差。图
4-69（b）各模型特征荷载及位移发展趋势与图 4-69（a）相似。

5. 上层肩梁分配的柱顶竖向荷载

为研究上层肩梁分配的柱顶竖向荷载，提取模型 DG-01～模型 DG-12 在柱顶竖
向荷载加载完成时，上层肩梁分配的竖向荷载及比值，见表 4-41。

表 4-40 跨高比影响下模型 QK-01～模型 QK-12 结果

模型编号	位移/mm		荷载/kN		模型编号	位移/mm		荷载/kN	
	屈服	最大	屈服	最大		屈服	最大	屈服	最大
QK-01	11.81	77.39	83.16	109.21	QK-07	7.03	24.93	124.75	156.33
QK-02	10.48	35.50	91.56	120.90	QK-08	—		—	
QK-03	10.02	30.41	106.84	136.88	QK-09	6.20	32.79	112.59	151.32
QK-04	9.68	27.42	125.76	154.04	QK-10	5.22	22.02	124.28	160.56
QK-05	8.41	45.24	97.68	131.84	QK-11	—		—	
QK-06	7.72	30.08	107.38	120.90	QK-12	6.59	48.92	135.62	177.84

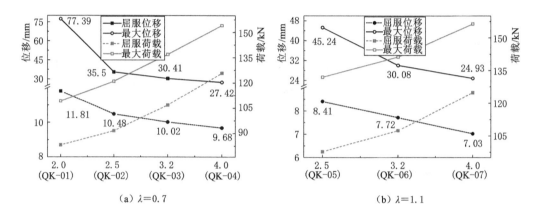

（a）$\lambda=0.7$　　　　　　　　　（b）$\lambda=1.1$

图 4-69 跨高比影响下模型 QK-01～模型 QK-12 结果

表 4-41 上层肩梁分配的竖向荷载及比值

模型编号	上层肩梁分配的竖向荷载/kN	百分比/%	模型编号	上层肩梁分配的竖向荷载/kN	百分比/%
DG-01	12.11	13.31	DG-07	12.14	13.34
DG-02	12.90	14.18	DG-08	12.66	13.91
DG-03	13.55	14.89	DG-09	9.83	10.81
DG-04	14.13	15.53	DG-10	10.56	11.60
DG-05	10.75	11.81	DG-11	11.18	12.29
DG-06	11.50	12.64	DG-12	11.74	12.90

由表 4-41 可知，随着上层肩梁高度的增加，上层肩梁分配的竖向荷载增加；随着 k 的降低，上层肩梁分配的竖向荷载会降低。考虑到 φ 增加时，模型的屈服位移会有所下降，因此分配到中柱底部截面的轴力产生的二阶弯矩并不会大幅增加。总体可以看出，由上层肩梁承担的竖向荷载占值范围为 10.81%～15.53%，说明钢管混凝土柱抗弯刚度太小，不能有效约束上层肩梁。因此，大部分的竖向荷载均传递至下层肩梁。为了简化计算，保守建议上层肩梁分配的柱顶竖向荷载比值为 0.11。

为研究上层肩梁分配的柱顶竖向荷载，提取模型 TG‑01～模型 TG‑12 在柱顶竖向荷载加载完成时，上层肩梁分配的竖向荷载及比值，见表 4‑42。

表 4‑42　　　　　上层肩梁分配的竖向荷载及比值

模型编号	上层肩梁分配的竖向荷载/kN	百分比/%	模型编号	上层肩梁分配的竖向荷载/kN	百分比/%
TG‑01	13.67	10.85	TG‑07	12.14	9.63
TG‑02	14.14	11.22	TG‑08	15.34	12.17
TG‑03	15.03	11.93	TG‑09	16.34	12.97
TG‑04	15.84	12.57	TG‑10	17.77	14.10
TG‑05	12.22	9.70	TG‑11	19.54	15.51
TG‑06	13.48	10.70	TG‑12	21.04	16.70

由表 4‑42 可知，随着 φ 的增加，上层肩梁分配的竖向荷载也会有所增加，并且随着 k 的增加，上层肩梁分配的竖向荷载也会相应增加。上层肩梁分配的竖向荷载占比范围为 10.85%～16.70%。为了简化计算，保守建议上层肩梁分配的竖向荷载的比值为 0.11。

6. 中段柱内肢分配的柱顶水平荷载

（1）为定量研究中段柱内肢分配的柱顶水平荷载，采用正交试验法选取双肢柱"柱梁高度比的影响"中的 8 个典型模型，提取得到模型屈服时，中段柱内肢下段、钢管混凝土柱顶剪力 F_1、F_2，如图 4‑70 所示。F_1、F_2 及中段柱内肢刚度与总刚度（中段柱内肢刚度与钢管混凝土柱刚度之和）比值见表 4‑43。

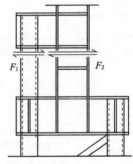

图 4‑70　双肢柱水平剪力

表 4‑43　　　　双肢柱中段柱内肢分配的水平荷载

模型编号	0.92×中段柱内肢刚度/总刚度	$\dfrac{F_2}{F_1+F_2}$	差值	模型编号	0.92×中段柱内肢刚度/总刚度	$\dfrac{F_2}{F_1+F_2}$	差值
DZ‑01	0.890	0.883	0.007	DZ‑11	0.809	0.723	0.086
DZ‑04	0.809	0.734	0.075	DZ‑14	0.809	0.742	0.067
DZ‑06	0.809	0.708	0.101	DZ‑16	0.890	0.884	0.006
DZ‑09	0.890	0.878	0.012	DZ‑19	0.890	0.873	0.017

由表 4‑43 可知，水平荷载的分配比例和中段柱内肢刚度与总刚度的比值有关，但两者在数值上存在差异。主要原因为：①上层肩梁刚度有限，而剪力按刚度分配原

则的前提是上层肩梁刚度无限大；②中段柱内肢和钢管混凝土柱柱底边界条件并不完全一样。表中两者差值最大为 0.101，可以说明水平荷载可以按照中段柱内肢与钢管混凝土柱刚度进行分配，分配折减系数宜取 0.92。

（2）选取不同柱梁高度比的三肢柱有限元模型，提取模型屈服时，水平剪力为 F_1、F_2（图 4-70），F_1、F_2 及中段柱内肢刚度与总刚度比值见表 4-44。

表 4-44　　　　　　　　　　　　肢柱中柱分配的水平荷载

模型编号	$0.90 \times \dfrac{\text{中段柱内肢刚度}}{\text{总刚度}}$	$\dfrac{F_2}{F_1+F_2}$	差值	模型编号	$0.90 \times \dfrac{\text{中段柱内肢刚度}}{\text{总刚度}}$	$\dfrac{F_2}{F_1+F_2}$	差值
TG-05	0.710	0.609	0.101	TG-10	0.851	0.815	0.036
TG-06	0.774	0.695	0.079	TG-13	0.851	0.800	0.051
TG-07	0.811	0.755	0.056	TG-14	0.875	0.874	0.001
TG-08	0.770	0.670	0.100	TG-15	0.881	0.901	−0.020
TG-09	0.825	0.757	0.068				

由表 4-44 可知，水平荷载的分配比例和中段柱内肢与总刚度比值有关。表中两者最大差值为 0.104，可以说明水平荷载可以按照中段柱内肢与钢管混凝土柱刚度进行分配，分配折减系数宜取 0.90。

4.3.2.2　受力性能取值分析

1. 双肢中柱双层肩梁

（1）高度比 φ 对模型承载力影响很小，为保证上层肩梁在受力过程中不会过早进入屈服状态，建议 φ 不宜小于 0.85。

（2）跨高比 k 越大，模型承载力越高，但加载后期模型承载力降低过早且过快，因此建议 k 不宜大于 4.0。

（3）柱梁高度比 λ 决定了模型的破坏形态，为了使模型发生延性破坏，建议当 k 小于 3.2 时，λ 不能小于 0.5；大于 3.2 时，λ 不能小于 0.7；当 k 为 2.0、2.5、3.2、4.0 时，λ 取值范围为 0.5~0.7、0.5~1.1、0.7~1.6、0.7~2.5，当 k 取其他值时，λ 可采用插值的方法来取值。各参数取值一览表见表 4-45。

（4）上层肩梁分配的柱顶竖向荷载的比值为 0.11。

（5）水平荷载按中段柱内肢与钢管混凝土柱刚度进行分配，分配折减系数取 0.92。

表 4-45　　　　　　　　　双肢中柱双层肩梁各参数取值一览表

参数	φ	k	λ			
			$k=2.0$	$k=2.5$	$k=3.2$	$k=4.0$
取值	≥0.85	≤4.0	0.5~0.7	0.5~1.1	0.7~1.6	0.7~2.5

2. 三肢中柱双层肩梁

（1）高度比 φ 对模型承载力影响很小，为保证上层肩梁在受力过程中不会过早进入屈服状态，建议 φ 不宜小于 1.20。

（2）跨高比 k 越大，模型承载力越高，但加载后期模型承载力降低过早且过快，因此建议 k 不宜大于 4.0。

（3）为了使模型发生延性破坏，当 k 取 2.0、2.5、3.2、4.0 时，建议柱梁高度比 λ 的取值范围宜介于 0.6~0.8、0.7~1.4、0.8~1.8、1.0~2.5。各参数取值一览表见表 4-46。

（4）上层肩梁分配的柱顶竖向荷载的比值为 0.11。

（5）水平荷载按中段柱内肢与钢管混凝土柱刚度进行分配，分配折减系数取 0.92。

表 4-46　　　　　　　　　三肢中柱双层肩梁各参数取值一览表

参数	φ	k	λ			
			$k=2.0$	$k=2.5$	$k=3.2$	$k=4.0$
取值	≥1.20	≤4.0	0.6~0.8	0.7~1.4	0.8~1.8	1.0~2.5

3. 四肢中柱双层肩梁

（1）高度比 φ 的取值可参考双肢中柱双层肩梁 φ 值，即 φ 不宜小于 0.85。

（2）短跨跨高比 d 对模型承载力有一定影响，原因是随着 d 的增大，模型承载力的下层肩梁的翼缘板截面相应增大，使得模型承载力提高。

（3）跨高比 k 的取值可参考双肢中柱双层肩梁 k 值，即 k 不宜大于 4.0。

（4）为了使模型发生延性破坏，当 k 取 2.0、2.5、3.2、4.0 时，λ 取值范围为 0.4~0.7、0.5~1.4、0.7~1.8、0.7~2.5。各参数取值一览表见表 4-47。

（5）四肢中柱双层肩梁可以认为是由 2 个双肢中柱双层肩梁叠加而成，因此上层肩梁分配的柱顶竖向荷载的比值、中段柱内肢分配的水平荷载的比值可参考双肢中柱双层肩梁相应取值。

表 4-47　　　　　　　　　四肢中柱双层肩梁各参数取值一览表

参数	φ	k	λ			
			$k=2.0$	$k=2.5$	$k=3.2$	$k=4.0$
取值	≥0.85	≤4.0	0.4~0.7	0.5~1.4	0.7~1.8	0.7~2.5

为使模型发生延性破坏，三种多肢中柱双层肩梁各参数取值范围汇总见表4-48。

表4-48   多肢中柱双层肩梁各参数取值汇总

参数	φ	k	λ			
			$k=2.0$	$k=2.5$	$k=3.2$	$k=4.0$
双肢中柱双层肩梁	≥0.85		0.5～0.7	0.5～1.1	0.7～1.6	0.7～2.5
三肢中柱双层肩梁	≥1.20	≤4.0	0.6～0.8	0.7～1.4	0.8～1.8	1.0～2.5
四肢中柱双层肩梁	≥0.85		0.4～0.7	0.5～1.4	0.7～1.8	0.7～2.5

4.4 双层肩梁受力特性及破坏模式

4.4.1 多肢边柱双层肩梁

多肢边柱双层肩梁有限元模型的破坏形态与试验试件相似，破坏形态均为下层肩梁内肢侧腹板屈曲。

双层肩梁模型在竖向荷载作用下，中段柱内肢位于内肢侧附近时，下层肩梁的内肢侧腹板在荷载作用下形成斜压带，应力以此斜压带形成的对角线向两侧扩散。随着荷载的继续增加，上层肩梁以及下层肩梁外侧腹板的应力逐渐增加，试件的承载力仍在增大，直至下层肩梁内侧腹板积累的塑性变形加大，下层肩梁内侧腹板产生屈曲，标志着试件的破坏。随着中段柱内肢位置不断向外肢侧移动，下层肩梁的外肢侧腹板剪力值不断提高，直至下层肩梁外肢侧剪力值大于内肢侧剪力，腹板全截面屈服最先发生在外肢侧下层肩梁腹板，随着荷载继续增加，承载力的增长仍未减缓，直至下层肩梁内肢侧腹板形成斜压带并进入塑性阶段，荷载开始明显降低，所以此种情况下，仍以下层肩梁内肢侧腹板全截面屈服作为计算双层肩梁构件弹性承载力依据。

4.4.2 多肢中柱双层肩梁

多肢中柱双层肩梁有限元模拟与试验结果吻合良好，均在下层肩梁受压区格发生破坏，肩梁腹板先屈服后屈曲，腹板屈曲位置与试验相同。

双层肩梁模型在水平荷载作用下，对中段柱内肢形成弯矩作用力，中段柱内肢底部截面可简化为两个竖向力作用于下层肩梁。加上竖向荷载的作用，下层肩梁承担了大部分荷载，下层肩梁的受压区格腹板沿对角线方向先屈服后屈曲，并形成塑性铰，但此时承载力并未下降，下层肩梁靠屈曲后强度提供薄膜应力继续承受荷载，试件最终因为沿腹板屈曲带达到受拉极限强度而破坏。

综上分析，双层肩梁无论受到的是水平荷载还是竖向荷载，肩梁腹板均是整个构件的受力关键部位，承担了大部分的剪力，最先达到屈服强度，后发生面外屈曲，试件无法继续承载，最终试件破坏。

第 5 章

钢管混凝土多肢格构柱
双层肩梁设计方法

5.1 受力机理及内力计算

肩梁作为阶形柱上、下两段的内力转换件，目的是将作用在上段柱的屋盖荷载、风荷载、吊车荷载等传递给下段柱，进而传递给基础。在现行规范中，仅给出了单层肩梁的计算方法，内力计算时的荷载取自上段柱传来的轴力和弯矩，弯矩同轴力分别折算成 F_1、F_2 作用于肩梁（图 1-4）。而对于本书介绍的钢管混凝土多肢柱双层肩梁结构型式，因为构造型式不同，单层肩梁计算方法将不能完全适用。

双层肩梁的上层肩梁是将上段柱传来的内力传递给中段柱，下层肩梁的作用是将中段柱传来的内力再传递给下段柱，下层肩梁可简化为简支梁，参考单层肩梁计算简图。上段柱传来的荷载主要包括屋盖荷载、风荷载、高位吊车水平荷载等，其主要以弯矩的形式作用于上层肩梁。下层肩梁受到的荷载主要包括高位吊车竖向及水平荷载、低位吊车水平荷载，以及下层肩梁上部传来的风荷载等。这些外荷载由上层肩梁传递至下层肩梁，导致下层肩梁腹板发生破坏。

5.1.1 竖向荷载作用下的多肢边柱双层肩梁

通过分析双层肩梁（以下简称肩梁）内肢侧腹板应力分布情况，发现肩梁腹板剪应力、挤压应力、等效应力的分布与斜压带分布一致，腹板屈服时，剪应力基本达到剪切屈服强度。靠近下段柱内肢腹板截面弯曲正应力分布呈 S 形，不符合平截面假定，其余部位弯曲正应力的分布为上部受压下部受压，基本符合平截面假定。从肩梁腹板的临界应力分析可知，肩梁腹板在屈服前一般不会发生屈曲。

由于肩梁的高跨比一般为 0.4~0.6，属于短深梁，截面弯矩所起到的作用很小，主要由剪力控制，在忽略肩梁自重的前提下，当肩梁近下段柱内肢侧部分腹板屈服后，塑性带形成很快，此后将进入弹塑性阶段，随着荷载的持续增加，弹塑性阶段的剪力主要由下层肩梁腹板未屈服部分及上层肩梁腹板共同承担，为满足两侧剪力值一定的比例关系，肩梁变形速度加快，上层肩梁剪力值开始非线性增长。

下层肩梁内肢侧剪力高于外肢侧时，双层肩梁构件弹性承载力由内肢侧腹板全截面屈服确定。对于下层肩梁外肢侧剪力值大于内肢侧剪力，且两侧剪力差值较大的情况，构件的屈服荷载可以以下层肩梁内肢侧腹板的部分屈服为依据。对于下层肩梁外肢侧剪力虽然大于内肢侧，但两侧剪力相差较小，外肢侧腹板全截面屈服后，内肢侧也基本屈服，这种情况下仍以下层肩梁内肢侧腹板全截面屈服作为计算双层肩梁构件弹性承载力依据。

5.1.1.1　上下层肩梁剪力值计算

对于双层肩梁来说，竖向荷载 P 在向下传递的过程中由于上层肩梁的存在，传至下层肩梁的荷载会有一部分折减，被折减后的荷载为 N，当 N 作用于下层肩梁时，不可直接简化成作用在肩梁上翼缘板的两等值集中力，由于此时有弯矩 M 的存在，P_1 和 P_2 两个集中力并不相等，同时由于弯矩 M 未知，肩梁内力也无法确定。有限元计算结果表明，下层肩梁内肢侧截面剪力值与竖向荷载 P 作用下的单层肩梁的剪力值基本相同，即

$$V_1 = \frac{P(a-b)}{a} \tag{5-1}$$

式中　a——下段柱内、外肢中心线间距；

　　　b——中段柱内肢中心线与下段柱内肢中心线间距。

单层肩梁在竖向荷载作用下，上段柱两侧的剪力值存在确定的关系，同样在双层肩梁构件受力弹性阶段，也存在类似的关系，即

$$\frac{V_1}{V_2+V_3} = \frac{a-b}{b} \tag{5-2}$$

这里可把双层肩梁构件等效为一根变截面的单层肩梁，外肢侧上、下层肩梁整体考虑。依照此关系，可求得上层肩梁和下层肩梁外肢侧总剪力，即

$$V_2 + V_3 = \frac{Pb}{a} \tag{5-3}$$

在双层肩梁受力弹性阶段，上层肩梁剪力 V_3 分配比例较小且基本不变。中段柱内肢向外肢偏移的过程中，由于上、下层肩梁的刚度比发生变化，上层肩梁分配的剪力会逐渐增大，但整体来说比例较小，大部分剪力还是由下层肩梁承担。由前述分析可得下层肩梁内肢侧截面剪力值 V_1，下层肩梁外肢侧截面剪力值 V_2 以及上层肩梁剪力值 V_3 通过拟合确定。通过有限元参数分析可得，中段柱内肢中心距，中段柱内肢高度，下层肩梁跨高比，上层肩梁高度，对外肢侧上、下两层肩梁影响均不明显，中段柱内肢截面高度的变化对外肢侧上、下两层肩梁剪力影响较大，所以中段柱内肢截面高度 a_1 为双层肩梁承载力计算公式中的主要影响参数。

外肢侧上、下层肩梁剪力可分为两种情况确定：一是下层肩梁 $V_1 \geqslant V_2$，且在下层肩梁内肢侧腹板全截面屈服之前，以及下层肩梁 $V_2 > V_1$，且在下层肩梁外肢侧腹板全截面屈服之前；二是下层肩梁 $V_2 > V_1$，且在下层肩梁外肢侧腹板全截面屈服之后，内肢侧腹板全截面屈服之前。

（1）第一种情况。为了方便，上层肩梁的剪力份额采用小数表示，中段柱内肢截面高度采用相对高度。由于双肢、三肢及四肢柱钢管混凝土双层肩梁的剪力分配比例及传力规律基本一致，所以采用拟合的方法求出统一的公式，即

$$V_3 = \eta \frac{Pb}{a} \qquad\qquad (5-4)$$

$$V_2 = (1 - \eta) \frac{Pb}{a} \qquad\qquad (5-5)$$

$$\eta = 0.03 + 0.605e \qquad\qquad (5-6)$$

式中　e——中段柱内肢相对截面高度，无量纲，$e = a_1/a$，a_1 取中段柱内肢截面高度；

　　　a——下段柱内、外肢柱中心线间距；

　　　b——中段柱内肢中心线与下段柱内肢中心线间距；

　　　η——上层肩梁剪力 V_3 占外肢侧总剪力 $(V_2 + V_3)$ 的比例。

上层肩梁剪力占比 η 计算公式拟合曲线如图 5-1 所示。

式（5-6）为拟合公式，拟合数据取自截面弹性受力状态，因此式（5-4）～式（5-6）仅适用于下层肩梁腹板未全截面屈服之前的情况。根据式（5-1）和式（5-4）～式（5-6），可得到此情况下 V_1、V_2 及 V_3。

其中，当 $V_1 = V_2$ 时，可以推出

$$b_1 = b = \frac{a}{2 - \eta} \qquad (5-7)$$

当 $b \leqslant b_1$，下层肩梁内肢侧剪力大于等于外肢侧，即 $V_1 \geqslant V_2$；当 $b > b_1$，下层肩梁外肢侧剪力大于内肢侧，即 $V_1 < V_2$。

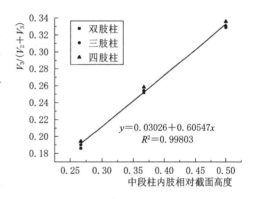

图 5-1　上层肩梁剪力占比 η 计算公式拟合曲线

（2）第二种情况。下层肩梁外肢侧腹板全截面屈服后构件承载力还可继续使用，因此将推导下层肩梁外肢侧腹板全截面屈服后肩梁各主要截面剪力值计算公式。在推导公式之前，先做如下假定：①剪力仅由腹板承担；②肩梁腹板屈服时剪应力等于剪切屈服强度。则有

$$\begin{cases} V_2 + V_3 = \dfrac{Pb}{a} \\ V_2 = V_u \end{cases} \qquad (5-8)$$

可推出上层肩梁剪力为

$$V_3 = \frac{Pb}{a} - V_u \qquad\qquad (5-9)$$

式中　V_u——剪切屈服强度对应的剪力，$V_u = f_{yv} h_0 t_w = \left(\dfrac{f_y}{\sqrt{3}}\right) h_0 t_w$。

根据式（5-1）、式（5-8）和式（5-9），可得到此情况下 V_1、V_2 及 V_3 取值。

5.1.1.2　中段柱内肢柱脚内力计算

吊车竖向荷载 P 经过中段柱内肢与上层肩梁的节点后，一部分竖向荷载经由上层肩梁传给中段柱外肢，一部分继续作用在中段柱内肢。下层肩梁作为中段柱内肢的支座，承担了中段柱内肢传来的全部荷载，一部分是经上层肩梁折减后的吊车竖向荷载作用下产生的轴力；一部分是构件处于超静定状态下的受力后产生的弯矩，正是由于弯矩 M 的存在，才使得下层肩梁的受力模式与单层肩梁相同，剪力计算公式也与单层肩梁相同。已知截面剪力的情况下，轴力与弯矩值确定其中一个，另一部分便可通过与肩梁截面剪力的关系求出，在上节给出了确定上层肩梁剪力值的计算公式，所以中段柱内肢内力的计算方法如下：

中段柱内肢轴力为

$$N = P - V_3 \tag{5-10}$$

假设中段柱内肢柱脚弯矩为 M，则有

$$V_1 = \frac{N}{2} + \frac{M}{a_1} \tag{5-11}$$

式中　a_1——上段柱两翼缘板中心间的距离，可近似地取中段柱内肢截面高度。

令式（5-1）与式（5-11）相等，则有

$$
\begin{aligned}
&\frac{P(a-b)}{a} = \frac{N}{2} + \frac{M}{a_1} = \frac{P - V_3}{2} + \frac{M}{a_1} \\
&\Rightarrow M = \frac{a_1 P(a-b)}{a} - \frac{a_1(P - V_3)}{2}
\end{aligned}
\tag{5-12}
$$

式（5-10）中上层肩梁剪力 V_3 计算见式（5-4）～式（5-9）。

5.1.2　水平荷载作用下的多肢中柱双层肩梁

多肢中柱双层肩梁较单层肩梁在构造及受力方面更复杂，主要原因为上层肩梁的存在使得柱顶水平及竖向荷载不能全部施加在下层肩梁上。本书提出的多肢中柱双层肩梁水平承载力计算公式针对于模型发生延性破坏。首先将双层肩梁简化为带悬杆的单层空腹刚架转换模型（三次超静定结构），其中，上段柱为悬杆，并将上层肩梁与钢管混凝土柱从主体结构中分离，如图 5-2 所示。柱顶荷载分配如图 5-3 所示，当竖向荷载 F_V 作用于柱顶时，上层肩梁分配的竖向荷载为 F_{V1}；当水平力 F_h 作用于柱顶，钢管混凝土柱分配的水平荷载为 F_{h1}，中段柱内肢分配的水平荷载为 F_{h2}。此分配模型中由于上层肩梁与中段柱交汇处节点域弯矩较小，因此忽略，忽略后双层肩梁承载力计算偏于安全。

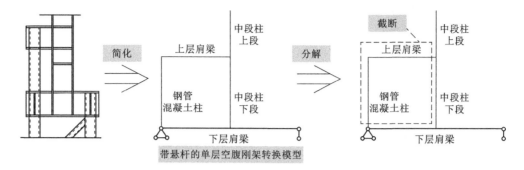

图 5-2　双层肩梁的简化与分解

图 5-3 中虚线部分即为中段柱底部截面，将此截面上的竖向荷载及弯矩简化为作用于中段柱左、右翼缘板处两个竖向荷载 F_1、F_2，并施加于下层肩梁，并将 F_{V1} 与 F_{h1} 产生的弯矩作用于下层肩梁左侧支座，如图 5-4 所示。

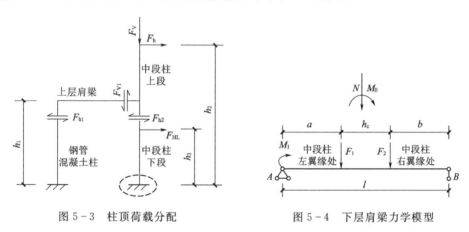

图 5-3　柱顶荷载分配　　　　图 5-4　下层肩梁力学模型

（1）荷载的分配。柱顶水平及竖向荷载分配后所得的上层肩梁与中段柱内肢截面内力 F_{h2}、F_{V1} 为

$$F_{h2} = \alpha F_h \tag{5-13}$$

$$F_{V1} = \beta F_V \tag{5-14}$$

$$F_{h1} = (1-\alpha)F_h \tag{5-15}$$

$$F_{V2}(1-\beta)F_V \tag{5-16}$$

式中　F_{h1}——钢管混凝土柱分配的水平荷载；

　　　F_{h2}——中段柱内肢分配的水平荷载；

　　　α——水平荷载分配折减系数；

　　　F_h——水平荷载；

　　　F_{V1}——上层肩梁分配的竖向荷载；

　　　F_{V2}——下层肩梁分配的竖向荷载；

β——竖向荷载分配系数；

F_V——竖向荷载。

（2）作用于下层肩梁上的荷载 F_1、F_2 为

$$F_1 = \frac{N}{2} - \frac{M_0}{h_c} = \frac{F_{V2}}{2} - \frac{F_h h_2 - F_{h1} h_1 + F_{HL} h_3}{h_c} \qquad (5-17)$$

$$F_2 = \frac{N}{2} + \frac{M_0}{h_c} = \frac{F_{V2}}{2} + \frac{F_h h_2 - F_{h1} h_1 + F_{HL} h_3}{h_c} \qquad (5-18)$$

式中　h_1——上层肩梁中心至下层肩梁中心距；

　　　h_2——柱顶至下层肩梁中心距；

　　　h_3——下层吊车水平荷载作用点至下层肩梁中心距；

　　　h_c——中段柱内肢两翼缘板中心距；

　　F_{HL}——下层吊车水平刹车荷载；

　　　l——下段柱左、右肢柱中心距。

（3）作用于下层肩梁支座上的弯矩 M_1 为

$$M_1 = F_{h1} h_1 + \frac{F_{V1}}{2}(l - h_c) \qquad (5-19)$$

（4）采用第四强度理论，认为弯曲正应力和挤压应力为零，简化后的多肢中柱双层肩梁假定下层肩梁的剪应力全部由腹板承担，可按平均剪应力验算肩梁的抗剪强度 τ，按式（1-7）计算则

$$\tau = \frac{V}{h_w t_w} \leqslant f_v \qquad (5-20)$$

式中　h_w——肩梁腹板高度；

　　　f_v——钢材的抗剪强度；

　　　t_w——肩梁腹板厚度。

一般钢管混凝土多肢中柱双层肩梁的屋盖肢即上段柱部分位于下层肩梁的中部位置，离两端钢管混凝土柱支座位置近似相等，即 $a \approx b$，所以最大剪力位于近下层肩梁吊车梁支座侧（支座 B 侧）的腹板区格内，最大剪力 V_{max} 为

$$V_{max} = \frac{M_1 + F_1 a + F_2(a + h_c)}{l} \qquad (5-21)$$

经过大量有限元模型计算结果对比分析，综合考虑各因素对双层肩梁内力分布的影响，修正了最大剪力计算公式，设计时应用 V 验算其截面抗剪强度，即

$$V = \alpha_0 V_{max} \qquad (5-22)$$

式中　V_{max}——下层肩梁腹板截面最大剪力；

　　　α_0——剪力修正系数，取 1.3。

5.2　设计方法及构造措施

5.2.1　竖向承载力

在有限元部分，对肩梁腹板的应力做了详细的分析，得出肩梁在受力过程中，剪应力起主导作用，腹板剪切屈服是肩梁整体屈服的典型特征，所以采用式（1-7）能更好地反映肩梁的抗剪承载能力。根据前述有限元分析可得，中段柱内肢在向外肢侧偏移的过程中，b 不断增加，下层肩梁内肢侧剪力值 V_1 会减小，而外肢侧（包含上、下层肩梁）总剪力值（$V_2 + V_3$）增大，根据中段柱内肢所处的不同位置，将产生 5 种不同的剪力分配情况，将导致肩梁腹板不同部位发生屈服和破坏。

（1）情况 1：中段柱内肢中心线靠近下柱内肢，$b < a/2$，下层肩梁内肢侧剪力值大于外肢侧总剪力值，即 $V_1 > V_2 + V_3$，同时有 $V_1 > V_2$。

（2）情况 2：当中段柱内肢中心线位于下层肩梁的中间位置时，距下段柱内、外分肢中心线距离相等，$b = a/2$，内、外两侧总剪力相等，即 $V_1 = V_2 + V_3$，同时有 $V_1 > V_2$。

（3）情况 3：中段柱内肢中心线靠近下柱外肢，$a/2 < b < b_1$ 时，下层肩梁内肢侧剪力值小于外肢侧总剪力值，即 $V_1 < V_2 + V_3$，同时有 $V_1 > V_2$。

（4）情况 4：当中段柱内肢中心线由下层肩梁中间向外肢侧偏移到 b_1 位置，即 $b = b_1$ 时，会出现 $V_1 = V_2$，在此情况之前，下层肩梁内肢侧腹板总是先于外肢侧全截面屈服。

（5）情况 5：当中段柱内肢中心线由下层肩梁中间向外肢侧偏移至大于 b_1 位置时，即 $b > b_1$ 时，会出现 $V_1 < V_2$，下层肩梁内肢侧剪力值小于外肢侧，外肢侧腹板全截面屈服先于内肢侧，但此后承载力增长并未明显放缓，故外肢侧腹板全截面屈服并不能代表弹性承载力达到极限，直至下层肩梁内肢侧腹板斜压带进入塑性，荷载-位移曲线的斜率才开始明显降低，此时构件的极限承载力不易确定，因此偏保守的采用 $V_1 = V_2$ 时构件对应的承载力。此值介于外肢侧腹板全截面屈服与内肢侧腹板全截面的屈服所对应的承载力之间。

5 个位置对应 5 种不同剪力分配情况，具体如下：① $b < a/2$ 时，$V_1 > V_2 + V_3$，同时有 $V_1 > V_2$；② $b = a/2$ 时，$V_1 = V_2 + V_3$，同时有 $V_1 > V_2$；③ $a/2 < b < b_1$ 时，$V_1 < V_2 + V_3$，同时有 $V_1 > V_2$；④ $b = b_1$ 时，$V_1 < V_2 + V_3$，同时有 $V_1 = V_2$；⑤ $b > b_1$ 时，$V_1 < V_2 + V_3$，同时有 $V_1 < V_2$。

在①～④情况下，$V_1 \geq V_2$，$b \leq b_1$，下层肩梁内肢侧腹板全截面屈服时对应的外荷载即双层肩梁的弹性承载力，则双层肩梁设计可采用式（1-7）抗剪强度计算公

式，假定剪应力全部由腹板承担，按平均剪应力验算截面强度，即

$$\tau = \frac{V}{h_w t_w} < f_v \tag{5-23}$$

上层肩梁剪力取

$$V = V_3 = \eta \frac{Pb}{a} \tag{5-24}$$

下层肩梁剪力取

$$V = V_1 = \frac{P(a-b)}{a} \tag{5-25}$$

在⑤情况下，$V_1 < V_2$，$b > b_1$，下层肩梁外肢侧腹板全截面屈服前，上层肩梁剪力按式（5-24）取，下层肩梁剪力取

$$V = V_2 = (1-\eta)\frac{Pb}{a} \tag{5-26}$$

下层肩梁外肢侧腹板全截面屈服后，上层肩梁剪力为

$$V = V_3 = \frac{Pb}{a} - V_u \tag{5-27}$$

下层肩梁剪力为

$$V = \frac{P(a-b_1)}{a} \tag{5-28}$$

当 $b > b_1$，$V_1 < V_2$，此时取 $b = b_1$。

5.2.2　水平承载力

5.2.2.1　水平承载力计算

双层肩梁水平承载力 F_h 可由式（5-13）～式（5-22）推导计算简图如图 5-2～图 5-4 所示，计算式为

$$F_h = \frac{f_v h_w t_w l - F_v\left(\frac{\beta l}{2} - \beta h_c - \beta a + a + \frac{h_c}{2}\right) - F_{HL} h_3}{h_2} \tag{5-29}$$

该计算结果与有限元计算结果有差异，主要原因为未考虑跨高比及柱梁高度比的影响。因此，为更准确地得出多肢中柱双层肩梁柱顶水平承载力，本书取承载力影响因子 C_0 来修正公式与有限元软件计算结果的误差，承载力影响因子 C_0 与柱梁高度比 λ 和梁跨高比 k 相关。修正后的水平承载力 F'_h 计算式为

$$F'_h = C_0 F_h \tag{5-30}$$

式中　C_0——承载力影响因子，当 $C_0 > 1$，取 $C_0 = 1$，当 $C_0 \leqslant 1$，按表 5-4 中数值取。

5.2.2.2 承载力影响因子计算

根据有限元模型参数分析结果显示，随着柱梁高度比 λ 增大，模型的承载力会增加，但当 λ 增大到一定值后，模型破坏型式会变为脆性破坏；随着梁跨高比 k 的增大，模型的承载力会增加，但模型的延性会变差。柱梁高度比 λ 和梁跨高比 k 的改变对模型承载力影响较大，因此在承载力计算公式中应该将柱梁高度比 λ 和梁跨高比 k 作为关键因素。由于研究双参数对双层肩梁承载力的影响，采用统一公式描述两者之间关系难度较大，故采用分段函数来描述 k 及 λ 对 C_0 的影响。

1. 双肢中柱双层肩梁

随着 k 的增加，模型屈服承载力大约呈线性增加，并且由于随着下层肩梁跨高比 k 变化，λ 取值范围不同，为了防止模型发生脆性破坏，将 k 进行分段，λ 作为自变量。利用 origin 软件拟合出 C_0 计算公式。当 k 及 λ 取其他值时，C_0 可采取线性差值。模型在不同参数下双肢中柱双层肩梁 C_0 值见表 5-1，由表可知，有限元结果与未修正的公式计算结果非常接近。

表 5-1　　　　　　　模型在不同参数下双肢中柱双层肩梁 C_0 值

参数	k	λ	C_0	参数	k	λ	C_0
取值	2.0	0.5	0.917	取值	3.2	0.7	0.855
		0.6	0.950			1.1	0.863
		0.7	0.977			1.4	0.882
		0.8	1.030			1.6	0.911
	2.5	0.6	0.914		4.0	0.7	0.829
		0.7	0.920			1.6	0.845
		0.9	0.951			2	0.861
		1.1	0.996			2.5	0.928

通过以上数据进行非线性拟合，最终得到的拟合曲线如图 5-5 所示。从图中可以看出，拟合得到函数方差大于 0.951，函数曲线与原数据曲线吻合良好，说明了拟合公式的有效性。

分段函数为

当 $k=2.0$ 时　　　　　　　$C_0 = 0.500\lambda^2 - 0.284\lambda + 0.935$ 　　　　　(5-31)

当 $k=2.5$ 时　　　　　　　$C_0 = 0.222\lambda^2 - 0.213\lambda + 0.962$ 　　　　　(5-32)

当 $k=3.2$ 时　　　　　　　$C_0 = 0.093\lambda^2 - 0.153\lambda + 0.917$ 　　　　　(5-33)

当 $k=4.0$ 时　　　　　　　$C_0 = 0.048\lambda^2 - 0.100\lambda + 0.876$ 　　　　　(5-34)

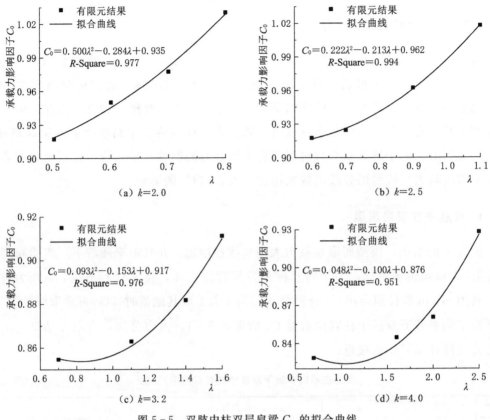

图 5-5 双肢中柱双层肩梁 C_0 的拟合曲线

2. 三肢中柱双层肩梁

三肢中柱双层肩梁发生延性破坏时的破坏模式与双肢柱双层肩梁破坏模式相似。本节所研究的三肢中柱双层肩梁的承载力公式沿用双肢中柱双层肩梁承载力公式。

本节选取 k 及 λ 两个影响模型承载力的关键参数，依然选用分段函数的方式，将 k 进行分段，λ 作为自变量。选取承载力影响因子 C_0 来修正公式计算结果与有限元计算结果的误差，得到承载力影响因子 C_0，见表 5-2。

通过以上数据进行非线性拟合，最终得到的拟合曲线如图 5-6 所示。从图中可以看出，拟合得到函数方差大于 0.929，函数曲线与原数据曲线吻合良好，说明了拟合公式的有效性。

分段函数为

当 $k=2.0$ 时 $\qquad C_0 = 2.365\lambda^2 - 2.837\lambda + 2.213$ (5-35)

当 $k=2.5$ 时 $\qquad C_0 = 0.187\lambda^2 - 0.310\lambda + 1.321$ (5-36)

当 $k=3.2$ 时 $\qquad C_0 = 0.181\lambda^2 - 0.429\lambda + 1.309$ (5-37)

当 $k=4.0$ 时 $\qquad C_0 = 0.071\lambda^2 - 0.202\lambda + 1.110$ (5-38)

表 5-2　　　　　　　　　模型在不同参数下三肢中柱双层肩梁 C_0 值

参数	k	λ	C_0	参数	k	λ	C_0
取值	2.0	0.60	1.362	取值	3.2	1.00	1.061
		0.65	1.374			1.30	1.063
		0.70	1.384			1.60	1.084
		0.75	1.417			1.90	1.151
	2.5	0.80	1.193		4.0	1.00	0.977
		1.00	1.200			1.60	0.973
		1.10	1.204			2.20	0.991
		1.20	1.219			2.50	1.051

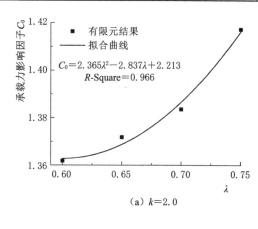

(a) $k=2.0$

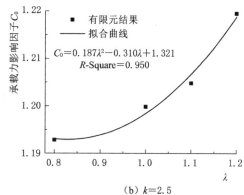

(b) $k=2.5$

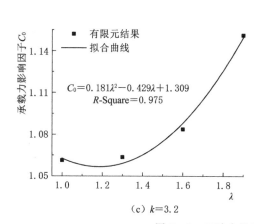

(c) $k=3.2$

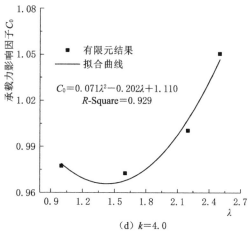

(d) $k=4.0$

图 5-6　三肢中柱双层肩梁 C_0 的拟合曲线

3. 四肢中柱双层肩梁

四肢中柱双层肩梁的应力分布、破坏模式与双肢柱双层肩梁相似。因此,四肢中柱双层肩梁的计算公式沿用双肢中柱双层肩梁计算公式。随着 d 的增大,模型的承载力会上升，主要是因为 d 增加时下层肩梁的翼缘板截面积会随之增大，并且承担部分荷载。本节将 d 设为1，仅考虑 k 与 λ 对四肢中柱双层肩梁承载力的影响。本节依然选用分段函数的方式，模型参数及不同参数下 C_0 值见表5-3。

表5-3 　　　　　　　　　　模型在不同参数下四肢中柱双层肩梁 C_0 值

参数	k	λ	C_0	参数	k	λ	C_0
取值	2.0	0.4	0.972	取值	3.2	0.7	0.865
		0.5	1.026			1.1	0.885
		0.6	1.049			1.5	0.929
		0.7	1.082			1.8	0.998
	2.5	0.5	0.948		4.0	0.7	0.819
		0.8	0.985			1.3	0.828
		1.1	1.041			1.9	0.855
		1.4	1.109			2.5	0.970

通过以上数据进行非线性拟合，最终得到的拟合曲线如图5-7所示。由图可知，拟合得到函数方差大于0.964，说明了拟合公式的有效性。

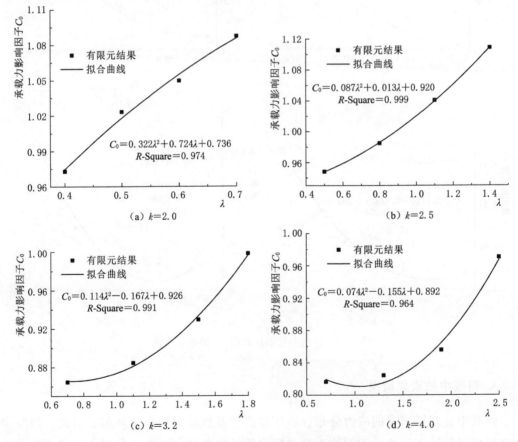

图5-7　四肢中柱双层肩梁 C_0 的拟合曲线

分段函数为

当 $k=2.0$ 时 $C_0=-0.322\lambda^2+0.724\lambda+0.736$ (5-39)

当 $k=2.5$ 时 $C_0=0.087\lambda^2+0.013\lambda+0.920$ (5-40)

当 $k=3.2$ 时 $C_0=0.114\lambda^2-0.167\lambda+0.926$ (5-41)

当 $k=4.0$ 时 $C_0=0.074\lambda^2-0.155\lambda+0.892$ (5-42)

基于多肢中柱双层肩梁延性破坏,现将三种多肢中柱双层肩梁的承载力影响因子 C_0 的拟合公式进行总结,见表 5-4。

表 5-4 多肢中柱双层肩梁 C_0 汇总结果

分段	承载力影响因子 C_0		
	双肢中柱双层肩梁	三肢中柱双层肩梁	四肢中柱双层肩梁
$k=2.0$	$C_0=0.500\lambda^2-0.284\lambda+0.935$	$C_0=2.365\lambda^2-2.837\lambda+2.213$	$C_0=-0.322\lambda^2+0.724\lambda+0.736$
$k=2.5$	$C_0=0.222\lambda^2-0.213\lambda+0.962$	$C_0=0.187\lambda^2-0.310\lambda+1.321$	$C_0=0.087\lambda^2+0.013\lambda+0.920$
$k=3.2$	$C_0=0.093\lambda^2-0.153\lambda+0.917$	$C_0=0.181\lambda^2-0.429\lambda+1.309$	$C_0=0.114\lambda^2-0.167\lambda+0.926$
$k=4.0$	$C_0=0.048\lambda^2-0.100\lambda+0.876$	$C_0=0.071\lambda^2-0.202\lambda+1.110$	$C_0=0.074\lambda^2-0.155\lambda+0.892$

5.2.3 其他构造措施

(1) 对于多肢边柱双层肩梁,一般来讲,肩梁抗弯承载力主要利用对截面高度以及翼缘板截面尺寸的限制来满足,肩梁截面高度宜取下段柱柱肢中心线间距的 0.4~0.6 倍,翼缘板厚度不小于肩梁腹板,腹板厚度不宜小于 10mm。

(2) 双层肩梁的屈服一般是由于下层肩梁内肢侧腹板的剪切屈服引起的,最终的破坏是由于下层肩梁内肢侧腹板产生剪切型凸曲变形引起的,腹板厚度应通过截面强度验算合理取值。一般双层肩梁计算区格腹板的跨高比不大于 1,对于 Q235 和 Q345,为满足腹板的屈曲后于屈服,腹板高厚比应分别小于 100 和 120。当下层肩梁存在较大弯矩时,可采用《建筑钢结构设计手册》所给的抗弯强度计算公式,在计算弯矩时,力臂取柱肢中心线与计算截面的距离。受挤压应力的影响,下层肩梁上翼缘板受力要大于下翼缘板,设计时应对上翼缘板进行局部加强。受弯矩的影响,中段柱内肢内侧翼缘板受力大于外侧,设计时应充分考虑,弯矩的计算见式(5-12)。

(3) 肩梁腹板与柱肢的连接分为腹板不插入钢管和插入钢管两种,当腹板不插入钢管时,剪力完全依靠内侧角焊缝承担;当腹板插入钢管时,有限元计算结果表明,内侧角焊缝承担了部分荷载,在采用的 6mm 焊缝模拟结果中显示(图 5-8~图 5-10),其承担剪力比例约为 77.18%,其余荷载则由钢管开槽处底部和内部混凝土承担,外侧角焊缝承担的剪力极小,约占 4.09%。由模拟结果可知,采用钢管开槽腹板插入的方式,腹板剪力可由钢管两侧的角焊缝共同承担,以此减小腹板侧角焊缝的剪应力。在能确保钢管混凝土浇筑质量的前提下，可将受力较大的肩梁腹板插入钢管，减轻内侧角焊缝的负担，增加传力的可靠性，但不宜将长短两向肩梁腹板均插入钢管，以免影响浇筑质量。

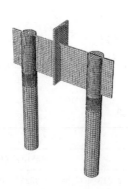
图 5-8　网格划分图

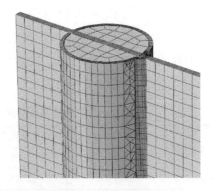
图 5-9　网格划分局部

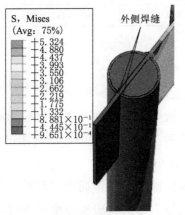
（a）外侧焊缝部分

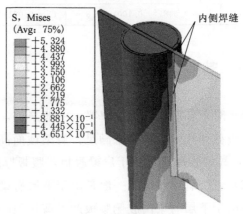
（b）内侧焊缝部分

图 5-10　计算结果

为确保受力的可靠性，对于双肢柱单腹板肩梁，建议中段柱内肢翼缘板开槽插入肩梁腹板，对于三肢以及四肢双腹板肩梁，建议中段柱内肢与肩梁上翼缘板焊接，并设置加劲肋。

（4）因肩梁盖板上厚度很大的垫板对荷载传递路径有很好的调节作用，使得垫板对吊车梁安装偏差有一定的适应性。当加固后的肩梁在净距大小合适时，垫板将上部传递来的偏心荷载通过自身再分配，大部分传递给了下部支承加劲肋处的盖板，盖板再就近传递给支承加劲肋，即吊车荷载最终仍由支承加劲肋承担，大大降低了因吊车梁支座中心线与支承加劲肋中心线偏差带来的偏压效果。

（5）双肢中柱双层肩梁承载力最低；而由于三肢、四肢中柱双层肩梁的下层肩梁为双腹板截面，可近似看做由 2 个钢管混凝土双肢中柱双层肩梁叠加而成，因此其承载力也成倍提高。三肢中柱双层肩梁由于中段柱内肢的刚度退化快，导致加载后期承载力下降快于其余两种。总体来看，三种双层肩梁的延性均非常好。基于大量有限元模型数值模拟结果，共得到了延性破坏和脆性破坏两种破坏型式，具体分析如下：

1）延性破坏。由有限元结果可知，模型加载初期，竖向荷载的一部分由上层肩梁来承担，其余大部分的荷载均传至下层肩梁，并且由于模型的几何不对称，大部分荷载传递至下层肩梁受压区格，荷载沿下层肩梁受压区格腹板对角线进行传递，如图5-11（a）所示；模型的柱顶水平荷载由钢管混凝土柱与中段柱内肢共同承担，由于钢管混凝土柱刚度较小，所以大部分水平荷载分配至中段柱内肢，并传递至下层肩梁受压区格，使下层肩梁受压区格腹板全截面屈服，如图5-11（b）所示；加载后期下层肩梁受压区格腹板面外出现屈曲带，如图5-11（c）所示；最终腹板处钢材第一主应力达到极限值而不能继续承载，如图5-11（d）所示。

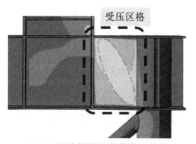
（a）下层肩梁腹板荷载传递路径

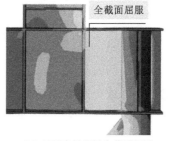
（b）下层肩梁腹板全截面屈服

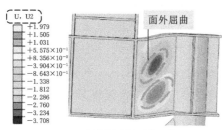
（c）下层肩梁腹板面外屈曲

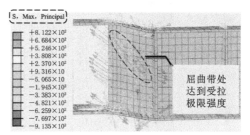
（d）下层肩梁腹板第一主应力

图5-11 延性破坏特征

模型发生延性破坏的特征为：在水平荷载作用下，多肢中柱双层肩梁的下层肩梁受压区格腹板先屈服后屈曲，并形成塑性铰，模型靠屈曲带薄膜强力场承受荷载，试件最终因为沿腹板屈曲带达到受拉极限强度而破坏。发生延性破坏的条件为：柱梁高度比λ在合理的范围内。

2）脆性破坏。当柱梁高度比λ取值不同时，多肢中柱双层肩梁会发生两种类型的脆性破坏型式。

第一类脆性破坏。由于下层肩梁受压区格太窄，随着水平荷载的增大，荷载沿腹板对角线传递非常快，并且腹板很早就能够发生全截面屈服，上层肩梁塑性铰无法发展，腹板不会发生面外屈曲，肩梁的水平承载力会一直增大。随着荷载继续增加，肩梁变形过大，肩梁腹板最大拉应变发生在腹板与上、下翼缘板交接处，真实应变会达到 0.25 以上，如图 5-12 所示。由钢材材性试验可知，腹板钢材已经发生撕裂，此时模型发生脆性破坏，因此在设计中应避免发生此类破坏。

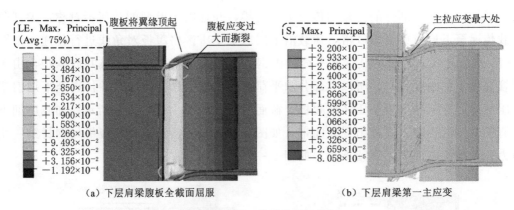

（a）下层肩梁腹板全截面屈服　　　　　　　　（b）下层肩梁第一主应变

图 5-12　第一类脆性破坏特征

第一类脆性破坏的特征为：在水平荷载作用下，多肢中柱双层肩梁的下层肩梁受压区格塑性铰无法形成，腹板处钢材变形过大而撕裂，模型破坏过程突然。发生第一类脆性破坏的条件为：柱梁高度比 λ 超过合理的范围。

第二类脆性破坏。由于中段柱内肢的截面尺寸过小，柱顶水平荷载不能传递至下层肩梁，并在上段柱与上层肩梁连接处发生弯剪破坏，模型的下层肩梁不能被充分利用，承载力低，并且加载后期模型承载力下降快，延性较差，如图 5-13 所示。

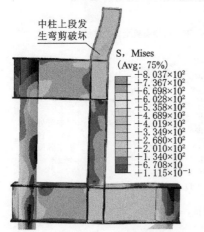

图 5-13　第二类脆性破坏特征

第二类脆性破坏的特征为：柱顶水平荷载无法传递至下层肩梁，上段柱端部过早屈服，并发生弯剪破坏，破坏过程迅速。发生第二类脆性破坏的条件为：柱梁高度比 λ 小于合理的范围。

柱梁高度比 λ 小于合理值时，模型发生第二类脆性破坏；反之，当 λ 超过合理值时，模型发生第一类脆性破坏；当 λ 在合理范围内，随着 λ 的增大，模型的屈服、极限荷载均近似呈抛物线上升，模型发生延性破坏。设计时应尽量将柱梁高度比 λ 控制在合理范围内，使其发生延性破坏，三种多肢中柱双层肩梁各参数取值范围见表 5-5。

表 5－5 多肢中柱双层肩梁各参数取值范围

参数	φ	k	λ			
			$k=2.0$	$k=2.5$	$k=3.2$	$k=4.0$
双肢中柱双层肩梁	$\geqslant0.85$	$\leqslant4.0$	$0.5\sim0.7$	$0.5\sim1.1$	$0.7\sim1.6$	$0.7\sim2.5$
三肢中柱双层肩梁	$\geqslant1.20$		$0.6\sim0.8$	$0.7\sim1.4$	$0.8\sim1.8$	$1.0\sim2.5$
四肢中柱双层肩梁	$\geqslant0.85$		$0.4\sim0.7$	$0.5\sim1.4$	$0.7\sim1.8$	$0.7\sim2.5$

(6) 单腹板式肩梁的构造要求。当吊车梁采用突缘支座时，上段柱腹板与肩梁上盖板的连接采用角焊缝焊接。上段柱的缘板与下段柱的连接根据其在肩梁上的位置分为：

1) 当翼缘板与屋盖肢对齐时，对槽形截面的屋盖肢，上段柱的翼缘板可直接与下段柱的腹板对接焊；对工字型屋盖肢，上段柱的翼缘板可直接焊在肩梁上盖板上，宜采用剖口焊透，以保证连接的可靠性和结构的整体稳定性。

2) 当翼缘板处于肩梁范围内时，上段柱的翼缘板开槽口插入肩梁腹板中，采用角焊缝或开坡口的 T 型对接焊缝传力。

肩梁腹板与槽形截面屋盖肢的连接采用角焊缝连接，与工字型屋盖肢和吊车肢的连接采用开槽口插入柱肢腹板中，以角焊缝或开坡口的 T 型对接焊缝焊接。

肩梁腹板的厚度应考虑吊车梁支座反力作用下的端面承压能力及安装偏差所造成的偏心影响，其上端应刨平顶紧上盖板，当难以刨平顶紧时应采用剖口焊透。腹板厚度不宜大于 40mm，否则宜选用更高等级的钢材。对重型、特重型厂房柱，吊车肢的腹板在肩梁范围内的厚度应加厚 4～6mm，以满足局部抗剪强度要求。

吊车肢上的肩梁上盖板，其尺寸应比柱肢截面略大，并满足两根吊翼车梁支座的连接要求，其厚度宜比柱肢翼缘板稍厚，一般为 16～36mm。当上段柱翼缘板与肩梁腹板采用插入式连接时，在上段柱范围内的肩梁上盖板可适度减薄，厚度一般为 12～20mm。肩梁下盖板的厚度宜与肩梁断面相协调，一般为 12～20mm，其尺寸以填满下段柱柱肢为宜。吊车梁支承台阶处设置肩梁垫板，能够改善肩梁上盖板的受力状况，其宽度一般比吊车梁支座宽 80mm，厚度一般为 20～40mm。

当吊车梁采用平板式支座时，需要在吊车肢顶部对应于吊车梁的支座加劲肋位置设置加劲板，该两道加劲板均开槽口插入吊车肢腹板中，以角焊缝或开坡口的 T 型对接焊缝焊接，上端应刨平顶紧上盖板，当难以刨平顶紧时应采用剖口焊透，按吊车梁支座反力计算其承压面积和连接焊缝的长度。肩梁腹板与吊车肢腹板的连接采用角焊缝连接即可。

(7) 双腹板式肩梁的构造要求。双腹板式肩梁的腹板可与柱肢翼缘板对接焊，亦可焊在柱肢翼缘板外侧，也可与平板式支座吊车肢的加劲板合二为一，开槽口插入吊车肢腹板中。双腹板式肩梁构造设计的重点是受力可靠，施工可行。

当上段柱翼缘板处于肩梁范围内时，上段柱的翼缘板插在两块肩梁腹板中间，采用角焊缝或开坡口的 T 型对接焊缝传力，此时肩梁下盖板应开人孔，满足施工安装要求。当吊车梁突缘支座的反力很大时，也可采用斜加劲肋的型式以改善吊车肢顶部腹板的受力状况。

对着上段柱翼缘板的部分，在肩梁腹板内侧和外侧加竖向加劲板，上段柱翼缘板与肩梁上盖板剖口焊透，同时在两块肩梁腹板下部外侧加横向加劲板，代替肩梁下盖板，此开口式双腹板肩梁受力明确，构造合理，安全可靠，较常采用。

双腹板式肩梁的其他构造可参考单腹板式肩梁。

5.3　双层肩梁设计方法验证

1. 双肢边柱双层肩梁强度验算

由于本书主要研究对象为双层肩梁，在设计方法验证中，将直接取上段柱作用内力 P 计算肩梁的剪力分配和强度验算，取 P 为 3000kN，设计上层肩梁、下层肩梁及中段柱截面如图 5 – 14 所示，所用钢材为 Q355。

中段柱内肢柱截面取 H $800 \times 500 \times 16 \times 18$；下段柱内、外肢柱中心线间距取 2400mm，中段柱内肢中心线与下段柱内肢中心线间距 b 取 1200mm，中段柱内肢无量纲截面高度 e 为 a_1/a，η 为上层肩梁剪力 V_3 占外肢侧总剪力（$V_2 + V_3$）的比例，按式（5 – 6）取值。上层肩梁腹板厚度 $t_{w1} = 16$mm，翼缘板厚度 $t_1 = 20$mm，高度 $H_1 = 800$mm，宽度 $B_1 = 500$mm。下层肩梁腹板厚度 $t_{w2} = 20$mm，翼缘板厚度 $t_2 = 25$mm，高度 $H_2 = 1000$mm，宽度 $B_2 = 500$mm。

上层肩梁剪力为

$$V = V_3 = \eta \frac{Pb}{a} = \left(0.03 + 0.605 \times \frac{800}{2400} \right) \times \frac{3000}{2} = 423.1 \text{(kN)}$$

上层肩梁剪切强度为

$$\tau_{上} = \frac{V_{max}}{h_{w1} t_{w1}} = \frac{423100}{760 \times 16} = 34.8 \text{(MPa)} \leqslant f_v = 175 \text{(MPa)}$$

下层肩梁剪力为

$$V = V_1 = \frac{P(a-b)}{a} = 1500 \text{ (kN)}$$

下层肩梁剪切强度为

$$\tau_{下} = \frac{V_{max}}{h_{w2} t_{w2}} = \frac{1500000}{950 \times 20} = 79.0 \text{(MPa)} \leqslant f_v = 170 \text{(MPa)}$$

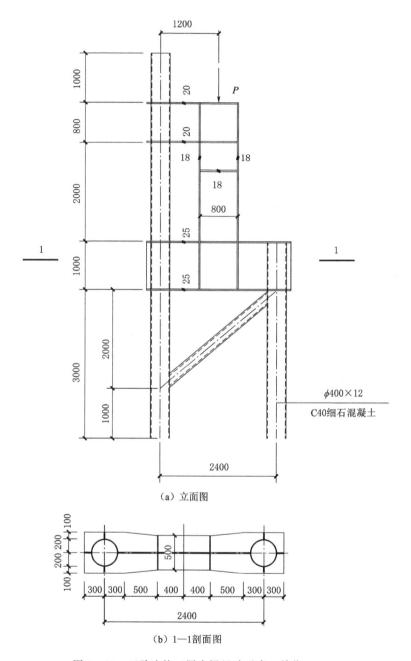

图 5-14 双肢边柱双层肩梁尺寸示意（单位：mm）

上、下层肩梁腹板验算满足强度验算要求。

双肢边柱双层肩梁有限元模型剪应力分布及剪力最大值如图 5-15 所示，最大剪力位置出现在下层肩梁内肢侧腹板处，该截面处平均剪力值约为 1470kN，剪切应力为 87.4MPa，有限元计算最大剪力相比公式解析解误差为 2.0%，剪应力误差为 9.6%，可知按公式求解较为可靠。

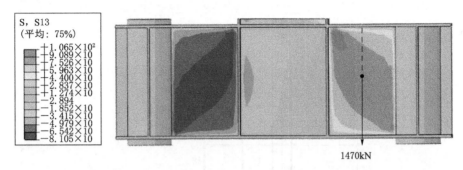

图 5-15　双肢边柱双层肩梁有限元模型剪应力分布及剪力最大值（单位：MPa）

2. 双肢中柱双层肩梁强度验算

将直接取上段柱作用内力计算肩梁的剪力分配和强度验算，取上段柱水平荷载 F_h 为 200kN、F_v 为 215kN，下层肩梁吊车水平刹车荷载 F_{HL} 为 150kN，设计上层肩梁、下层肩梁、中段柱内肢截面如图 5-16 所示，所用钢材为 Q355。

中段柱内肢截面取 H800×500×16×18；上层肩梁腹板厚度 $t_{w1}=16mm$，翼缘板厚度 $t_1=20mm$，高度 $H_1=800mm$，宽度 $B_1=500mm$；下层肩梁腹板厚度 $t_{w2}=20mm$，翼缘板厚度 $t_2=25mm$，高度 $H_2=1000mm$，宽度 $B_2=500mm$，柱肢中心线间距 $l=2400mm$，下段柱右肢柱中心至中柱右翼缘板距离 $l_1=800mm$。

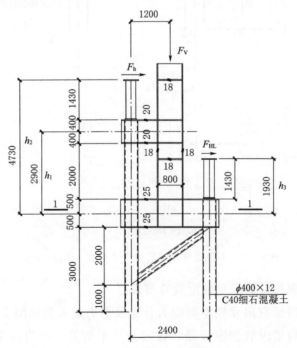

图 5-16　双肢中柱双层肩梁尺寸示意（单位：mm）

h_1—上层肩梁中心至下层肩梁中心距；h_2—柱顶至下层肩梁中心距；h_3—下层吊车水平荷载作用点至下层肩梁中心距

柱顶水平及竖向荷载分配后所得的上层肩梁与中段柱内肢截面内力 F_{h2}、F_{V1} 为

$$F_{h2} = \alpha F_h = 180\text{kN}$$

$$F_{V1} = \beta F_v = 23.7\text{kN}$$

式中　F_{h2}——中段柱内肢分配的水平荷载；

　　　α——水平荷载分配折减系数；

　　　F_h——水平荷载；

　　　F_{V1}——上层肩梁分配的竖向荷载；

　　　β——竖向荷载分配系数；

　　　F_v——竖向荷载。

作用于下层肩梁上的荷载 F_1、F_2 分别为

$$F_1 = \frac{F_v - F_{V1}}{2} + \frac{F_h h_2 - F_{hl} h_1 + F_{HL} h_3}{h_c} = 95.7 + 1471.9 = 1567.6 (\text{kN})$$

$$F_2 = \frac{F_v - F_{V1}}{2} - \frac{F_h h_2 - F_{hl} h_1 + F_{HL} h_3}{h_c} = 95.7 - 1471.9 = -1376.2 (\text{kN})$$

作用于下层肩梁上的弯矩 M_1 为

$$M_1 = F_{hl} h_1 + \frac{F_{V1}}{2}(l - h_c) = 20 \times 2900 + 23.7 \times (2400 - 800)/2 = 76920 (\text{N} \cdot \text{m})$$

下层肩梁最大剪力取

$$V_{max} = \alpha_0 \frac{M_1 + F_1(l_1 + H_c) + F_2 l_1}{l}$$

$$= 1.3 \times \frac{76920 + 1567.6 \times (800 + 800) - 1376.2 \times 800}{2400} = 803.9 (\text{kN})$$

下层肩梁剪切强度为

$$\tau = \frac{V_{max}}{h_w t_w} = \frac{803900}{950 \times 20} = 42.3\text{MPa} \leqslant f_v = 170 (\text{MPa})$$

上、下层肩梁腹板验算满足强度验算要求。

双肢中柱双层肩梁有限元模型应力分布及剪力最大值如图 5-17 所示，最大剪应力位置出现在下层肩梁腹板右侧处，该截面处平均剪应力约为 754kN，剪应力为 43.2MPa，有限元计算最大剪力相比公式解析解误差为 6.6%，剪应力误差为 2.0%，故按公式求解较为可靠。

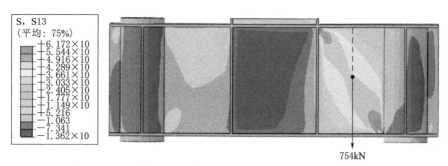

图 5-17　双肢中柱双层肩梁有限元模型应力分布及剪力最大值

第 6 章

钢管混凝土多肢格构柱
双层肩梁工程应用

目前，钢管混凝土柱肩梁已广泛应用于工业厂房中，在炼钢、造船等重型工业厂房中尤为多见。本章将对已建厂房项目中的典型双层肩梁构件进行计算分析，并通过有限元软件建立对应的实体模型进行对比，以此来验证计算公式的有效性。

1. 某耐压分段制造车间

某耐压分段制造车间，建筑面积约 3.54 万 m^2，为五连跨单层厂房，不同吨位吊车共布置 14 台，某耐压分段制造车间厂房剖面示意图如图 6-1 所示，其中起重量最大的吊车有 400t，跨度 37m，其余吊车均小于等于 100t。由于吊车较多且高度不一，因此需要设置多层吊车轨道，对于吨位较大的吊车，用肩梁作为吊车支座，对于吨位较小的吊车，采用牛腿的结构型式作为支座。比如，E 轴两侧共有 6 台吊车，均在不同高度处，包含 400/260t 吊车 1 台、100/20t 吊车 1 台、75/20t 吊车 2 台以及 32/5t 吊车 2 台，根据吊车位置和钢管混凝土格构柱承载能力，最终采用钢管混凝土四肢格构柱，柱内部灌注 C40 混凝土，400t 和 100t 吊车分别布置在双层肩梁的上下两层，肩梁截面尺寸如图 6-2 所示，75t 和 32t 的 4 台吊车分别布置在悬挑牛腿上，可满足多个吊车同时运行，整体结构受力良好。

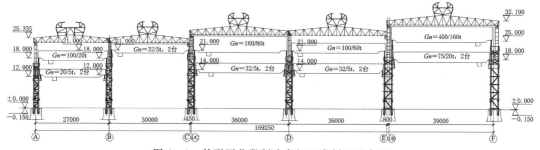

图 6-1　某耐压分段制造车间厂房剖面示意图

对于 E 轴中柱两侧的大吨位吊车，设计双层肩梁时处的提取上层吊车水平力 F_h 为 295kN，下层吊车水平力 F_{hl} 为 80kN，屋盖传下来的竖向力 F_v 为 310kN。柱顶水平及竖向荷载分配后所得的上层肩梁分配的竖向荷载 F_{V1}、中段柱内肢分配的水平荷载 F_{h2} 和钢管混凝土柱分配的水平荷载 F_{h1} 为

$$F_{V1} = \beta F_v = 0.11 \times 310 = 34.1 (\text{kN})$$

$$F_{h2} = \alpha F_h = 0.9 \times 295 = 265.5 (\text{kN})$$

$$F_{h1} = (1 - \alpha) F_h = 0.1 \times 295 = 29.5 (\text{kN})$$

式中　α——下层肩梁水平荷载分配折减系数；

β——上层肩梁竖向荷载分配系数。

E 轴下段柱格构柱肢截面尺寸为 $\phi 426 \times 12$，中段柱内肢截面取 H1400×1430×14×22；上层肩梁腹板厚度 $t_{w1} = 20$mm，翼缘板厚度 $t_1 = 40$mm，高度 $H_1 = 1400$mm，宽度 $B_1 = 1726$mm；下层肩梁腹板厚度 $t_{w2} = 20$mm，翼缘板厚度 $t_2 = 35$mm，高度 $H_2 = 1300$mm，宽度 $B_2 = 1726$mm，中段柱内肢截面高度 $h_c = 1400$mm，柱肢中心线间距 $l = 2800$mm，下段柱左肢柱中心至中柱左翼缘板距离 $l_1 = 750$mm。

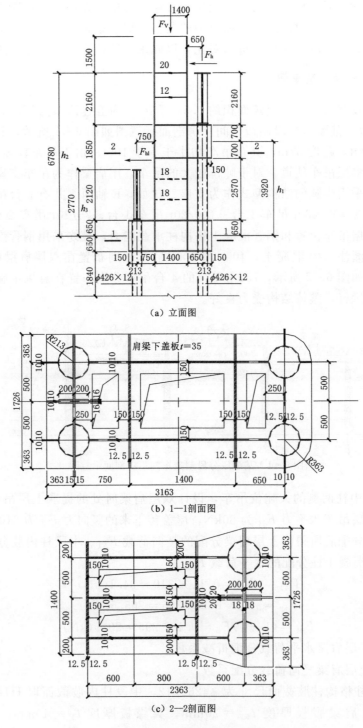

（a）立面图

（b）1—1剖面图

（c）2—2剖面图

图6-2 四肢中柱双层肩梁尺寸（单位：mm）

h_1—上层肩梁中心至下层肩梁中心距；h_2—柱顶至下层肩梁中心距；

h_3—下层吊车水平荷载作用点至下层肩梁中心距

作用于下层肩梁上的荷载 F_1、F_2 分别为

$$F_1 = \frac{F_V - F_{V1}}{2} + \frac{F_h h_2 - F_{hl} h_1 + F_{HL} h_3}{h_c} = 137.95 + 2632.58 = 2770.53 (\text{kN})$$

$$F_2 = \frac{F_V - F_{V1}}{2} - \frac{F_h h_2 - F_{hl} h_1 + F_{HL} h_3}{h_c} = 137.95 - 2632.58 = -2494.63 (\text{kN})$$

作用于下层肩梁上的弯矩 M_1 为

$$M_1 = F_{hl} h_1 + \frac{F_{V1}}{2}(l - h_c) = 29.5 \times 3920 + 34.1 \times (2800 - 1400)/2 = 139510 (\text{N} \cdot \text{m})$$

下层肩梁最大剪力取

$$V_{max} = \alpha_0 \frac{M_1 + F_1(l_1 + h_c) + F_2 l_1}{l}$$

$$= 1.3 \times \frac{139510 + 2770.5 \times (750 + 1400) - 2494.6 \times 1400}{2800}$$

$$= 1208.8 (\text{kN})$$

下层肩梁剪切强度为

$$\tau = \frac{V_{max}}{h_w t_w} = \frac{1208800}{1230 \times 20 \times 2} = 24.6 (\text{MPa}) \leqslant f_v = 170 (\text{MPa})$$

上、下层肩梁腹板验算满足强度验算要求。

四肢中柱双层肩梁有限元模型应力分布及剪力最大值如图 6-3 所示，最大剪力位置出现在下层肩梁腹板右侧处，该截面处平均剪力值约为 1055kN，剪切应力为 22.6MPa，有限元计算最大剪力相比公式解析解误差为 14.3%，剪应力误差为 8.9%，故按公式求解较为保守。

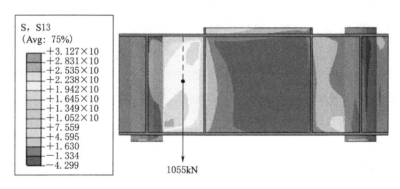

图 6-3　四肢中柱双层肩梁有限元模型应力分布及剪力最大值（单位：MPa）

2. 中船风电兴城某海上风机总装车间

本厂房由一个高跨区和一个低跨区连接而成，建筑面积 10100m^2，高跨区共 1 台桥式吊车，起重量为 100t，跨度 37m，跨内东西两侧各设置 1 台半龙门吊，跨度分别

为 16m 和 11m；低跨区设置 1 台吊车，起重量 50t。中柱共布置 3 层吊车，荷载较重，格构柱采用四肢柱，吊车的支座采用双层肩梁加悬挑牛腿的结构型式，东侧边柱为支撑双层吊车，也采用了双层肩梁支撑结构，格构柱为双肢柱，厂房剖面示意图如图 6-4 所示。双层肩梁结构型式可使吊车的竖向荷载直接传递至钢管混凝土柱，传力途径更明确，同时保证了多层吊车行车净空要求，节省了钢材用量。

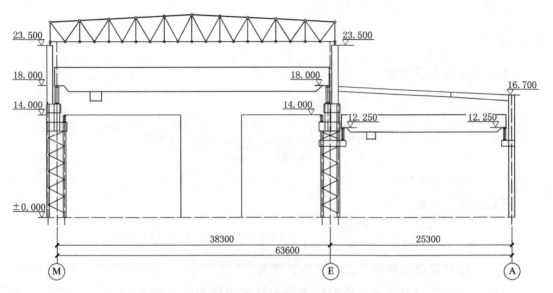

图 6-4　兴城某海上风机总装车间厂房剖面示意图

取 M 轴钢管混凝土双肢柱双层肩梁进行分析，边柱下段柱格构柱肢截面尺寸为 $\phi 380 \times 10$，中段柱内肢截面取 $H800 \times 480 \times 12 \times 20$；下段柱内、外肢柱中心线间距 a 取 2000mm，中段柱内肢中心线与下段柱内肢中心线间 b 取 1000mm，中段柱内肢无量纲截面高度 e 为 a_1/a，η 为上层肩梁剪力 V_3 占外肢侧总剪力（V_2+V_3）的比例，按式（5-6）取值。上层肩梁腹板厚度 $t_{w1}=20$mm，翼缘板厚度 $t_1=30$mm，高度 $H_1=900$mm，宽度 $B_1=480$mm。下层肩梁腹板厚度 $t_{w2}=20$mm，翼缘板厚度 $t_2=30$mm，高度 $H_2=900$mm，宽度 $B_2=480$mm。双肢边柱双层肩梁尺寸如图 6-5 所示。将直接取作用于上层肩梁的竖向荷载 P 计算肩梁的剪力分配和强度验算，取 P 为 1300kN。

上层肩梁剪力取

$$V = V_3 = \eta \frac{Pb}{a} = \left(0.03 + 0.605 \times \frac{800}{2000}\right) \times \frac{1300}{2} = 176.8 \text{(kN)}$$

上层肩梁剪切强度为

$$\tau_\pm = \frac{V_{\max}}{h_{w1} t_{w1}} = \frac{176800}{740 \times 20} = 11.9 \text{(MPa)} \leqslant f_v = 170 \text{(MPa)}$$

下层肩梁剪力为

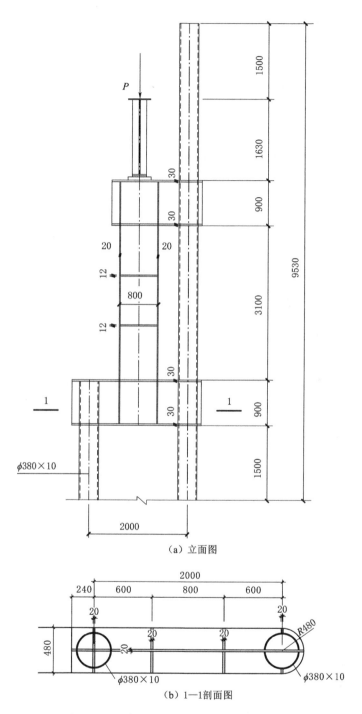

（a）立面图

（b）1—1剖面图

图 6-5　双肢边柱双层肩梁尺寸（单位：mm）

$$V = V_1 = \frac{P(a-b)}{a} = 650(\text{kN})$$

下层肩梁剪切强度为

$$\tau_{\text{下}} = \frac{V_{\text{max}}}{h_{\text{w2}} t_{\text{w2}}} = \frac{650000}{740 \times 20} = 43.9(\text{MPa}) \leqslant f_{\text{v}} = 170(\text{MPa})$$

上、下层肩梁腹板验算满足强度验算要求。

双肢边柱双层肩梁有限元模型应力分布及剪力最大值如图 6 - 6 所示，最大剪力位置出现在下层肩梁内肢侧腹板处，该截面处平均剪力值约为 599.7kN，剪切应力为 39.8MPa，有限元计算最大剪力相比公式解析解误差为 8.4%，剪应力误差为 10.3%，可知按公式计算有足够的安全储备。

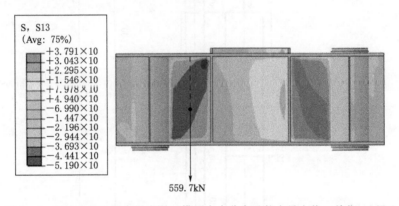

图 6 - 6 双肢边柱双层肩梁有限元模型应力分布及剪力最大值（单位：MPa）

参 考 文 献

［1］ 郑沂. 钢管混凝土柱肩梁的强度与刚度的分析研究 ［D］. 上海：同济大学，1997.

［2］ 沈祖炎，郑沂. 多肢柱肩梁刚度的分析 ［J］. 建筑结构，1999（7）：50-52.

［3］ 于安林，童根树. 钢管混凝土双肢柱单腹板肩梁的试验研究和理论分析 ［J］. 工业建筑，1998，28（4）：24-26.

［4］ 于安林，童根树. 钢管混凝土四肢柱单斜缀杆双腹板肩梁的受力性能 ［J］. 西安公路交通大学学报，1998，18（2）：36-38.

［5］ 于安林，童根树. 钢管混凝土四肢柱人字形缀杆双腹板肩梁的受力性能 ［J］. 西安建筑科技大学学报（自然科学版），1998，30（2）：112-114.

［6］ 于安林，童根树. 钢管混凝土柱肩梁研究总结及建议 ［J］. 西安建筑科技大学学报（自然科学版），1998，30（3）：247-249.

［7］ 刘志峰. 新型钢管混凝土双肢柱单腹板肩梁受力性能分析 ［D］. 西安：西安建筑科技大学，2008.

［8］ 赵峰. 新型钢管混凝土柱单腹板肩梁受力性能及设计方法研究 ［D］. 西安：西安建筑科技大学，2009.

［9］ 王亚军. 钢管混凝土双肢柱改进型单腹板肩梁承载能力试验研究 ［D］. 西安：西安建筑科技大学，2009.

［10］ 王俊峰. 钢管混凝土柱双腹板肩梁受力性能试验研究 ［D］. 西安：西安建筑科技大学，2009.

［11］ 董振平. 钢管混凝土双肢柱肩梁受力性能与设计方法研究 ［D］. 西安：西安建筑科技大学，2011.

［12］ 王毅，夏汉强，汪锋. 重型厂房钢管混凝土四肢柱肩梁有限元分析 ［C］. 第四届海峡两岸及香港钢结构技术交流会论文集，2006.

［13］ 汪锋. 重型厂房钢管混凝土格构柱肩梁结构设计研究 ［J］. 工程建设与设计，2011，8：57-59.

［14］ 韩昌标，戴雅萍，赵宏康，等. 单层大跨超高厂房钢管混凝土柱肩梁的有限元分析 ［J］. 苏州科技学院学报（工程技术版），2012，25（4）：46-49，71.

［15］ 何夕平，张大伟，郑磊，等. 钢管混凝土双肢柱边柱单腹板肩梁受力性能分析 ［J］. 安徽建筑工业学院学报（自然科学版），2013，21（1）：14-19，23.

［16］ 胡卫中. 钢管混凝土双层肩梁承载力及设计方法研究 ［D］. 西安：西安建筑科技大学，2018.

［17］ 但译义. 钢结构设计手册（上册）［M］. 4版. 北京：中国建筑工业出版社，2022.

[18] 包头钢铁设计研究总院，中国钢结构协会房屋建筑钢结构协会. 钢结构设计与计算 [M]. 2版. 北京：机械工业出版社，2006.

[19] 赵熙元. 建筑钢结构设计手册（上册）[M]. 北京：冶金工业出版社，1995.

[20] 中华人民共和国住房和城乡建设部. 钢结构设计标准：GB 50017—2017 [S]. 北京：中国建筑工业出版社，2017.

[21] 门进杰，张博雅，兰涛，等. 钢管混凝土双肢边柱双层肩梁受力性能试验研究 [J]. 工业建筑，2021，51（9）：1-8，137.

[22] 兰涛，秦广冲，傅彦青，等. 钢管混凝土三肢边柱双层肩梁受力性能试验研究 [J]. 工业建筑，2021，51（9）：24-32.

[23] 兰涛，李泽旭，傅彦青，等. 钢管混凝土双肢中柱双层肩梁单向加载试验及肩梁承载力计算模型 [J]. 工业建筑，2021，51（9）：16-23，81.

[24] 中华人民共和国住房和城乡建设部. 钢结构焊接规范：GB 50661—2011 [S]. 北京：中国建筑工业出版社，2011.

[25] 孙训方，方孝淑，关来泰，等. 材料力学 [M]. 北京：高等教育出版社，2008.

[26] 王春玲. 塑性力学 [M]. 北京：中国建材工业出版社，2005.

[27] 姚谦峰，陈平. 土木工程结构试验 [M]. 北京：中国建筑工业出版社，2001.

[28] 冶金工业信息标准研究院，钢铁研究院总院，齐齐哈尔华工机床股份有限公司，等. 钢及钢产品　力学性能试验取样位置及试样制备：GB/T 2975—2018 [S]. 北京：中国标准出版社，2018.

[29] 钢铁研究总院，冶金工业信息标准研究院，深圳万测试验设备有限公司，等. 金属材料　拉伸试验　第1部分：室温试验方法：GB/T 228.1—2021 [S]. 北京：中国标准出版社，2021.

[30] 中冶建筑研究总院有限公司，鲲鹏建设集团有限公司. 水泥基灌浆材料应用技术规范：GB/T 50448—2015 [S]. 北京：中国建筑工业出版社，2015.

[31] 国家市场监督管理总局，国家标准化管理委员会. 水泥胶砂强度检验方法（ISO 法）：GB/T 17671—2021 [S]. 北京：中国标准出版社，2021.

[32] 赵顺波. 工程结构试验 [M]. 郑州：黄河水利出版社，2001.

[33] 中国建筑工业出版社. 建筑抗震试验方法规程：JGJ 101—1996 [S]. 北京：中国建筑工业出版社，1996.

[34] 门进杰，彭泰，范栋鑫，等. 钢管混凝土双肢边柱双层肩梁设计方法研究 [J]. 工业建筑，2021，51（9）：9-15，131.

[35] 陈绍蕃. 钢结构设计原理 [M]. 4版. 北京：科学出版社，2016.

[36] 门进杰，王鸿霄，兰涛，等. 钢管混凝土多肢中柱双层肩梁承载力分析和计算 [J]. 工业建筑，2021，51（9）：47-55，74.

[37] 兰涛，张博雅，李泽旭，等. 钢管混凝土三肢中柱双层肩梁承载力分析及计算 [J]. 工业建筑，2021，51（9）：33-40，149.

［38］ 兰涛，胡卫中，门进杰. 钢管混凝土双层肩梁的受力性能分析［J］. 钢结构，2017，32（6）：39－45.

［39］ 何浩. 钢管混凝土多肢边柱双层肩梁受力性能及设计方法研究［D］. 西安：西安建筑科技大学，2020.

［40］ 廖钒志. 钢管混凝土多肢中柱双层肩梁在水平荷载下的受力性能及设计方法［D］. 西安：西安建筑科技大学，2020.

［41］ 方安平，叶卫平. Origin 8.0 实用指南［M］. 北京：机械工业出版社，2010.

［42］ 兰涛，李然，门进杰，等. 焊接应力对钢管混凝土多肢中柱双层肩梁力学性能的影响及承载试验设计［J］. 工业建筑，2021，51（9）：41－46，165.

［43］ 兰涛，苏健兴，赵廷涛，等. 某重型车间双层肩梁加固的非线性分析［J］. 钢结构，2018，33（12）：130－136.